自然探秘系列

可怕的科学
HORRIBLE SCIENCE

U0257161

愤怒的河流
RAGING RIVERS

〔英〕阿尼塔·加纳利 原著 〔英〕迈克·菲利普斯 绘 屠颖 译

北京出版集团
北京少年儿童出版社

著作权合同登记号

图字:01-2009-4232

Text copyright © Anita Ganeri，2000

Illustrations copyright © Mike phillips，2000，2008

Cover illustration © Mike Phillips，2008

Cover illustration reproduced by permission of Scholastic Ltd.

©2010 中文版专有权属北京出版集团，未经书面许可，不得翻印或以任何形式和方法使用本书中的任何内容或图片。

图书在版编目(CIP)数据

愤怒的河流 /（英）加纳利（Ganeri，A.）原著；（英）菲利普斯（Phillips，M.）绘；屠颖译 . —2 版 . —北京：北京少年儿童出版社，2010.1（2024.7重印）

（可怕的科学·自然探秘系列）

ISBN 978-7-5301-2348-5

Ⅰ.①愤… Ⅱ.①加… ②菲… ③屠… Ⅲ.①河流—世界—少年读物 Ⅳ.①P941.77-49

中国版本图书馆 CIP 数据核字（2009）第 181512 号

可怕的科学·自然探秘系列

愤怒的河流

FENNU DE HELIU

[英] 阿尼塔·加纳利 原著

[英] 迈克·菲利普斯 绘

屠 颖 译

*

北 京 出 版 集 团 出版

北 京 少 年 儿 童 出 版 社

（北京北三环中路6号）

邮政编码:100120

网 址：www . bph . com . cn

北 京 少 年 儿 童 出 版 社 发 行

新 华 书 店 经 销

河北宝昌佳彩印刷有限公司印刷

*

787 毫米×1092 毫米 16 开本 10 印张 50 千字

2010 年 1 月第 2 版 2024 年 7 月第 51 次印刷

ISBN 978 - 7 - 5301 - 2348 - 5/N · 136

定价：22.00 元

如有印装质量问题，由本社负责调换

质量监督电话：010 - 58572171

目 录

你了解河流吗

地理学中充满了各种各样可怕的意外。首先，让我们学习一下无聊的河流吧。我敢保证用不了一分钟，你就会端坐在温暖明亮的教室里，冲着你的地理老师不断打瞌睡，直到他的声音越来越小，越来越小……

今天，我们学习水流带来的**bedloads** ★。打开你的教科书到……

★ 这是关于河底沙石的巧妙说法。

你可以闭上眼睛，然后开始做梦……自己正坐在绿油油的河堤上，一只手拿着一大杯冷饮，另一只手握着钓鱼竿。太滋润

了! 阳光明媚, 鸟儿歌唱, 地理看上去好像也不是那么腻味, 快乐如天堂……

突然, 你的梦变得糟糕起来, 简直糟糕透顶! 你站在倾盆大雨中, 泥水浸到了膝盖, 真像一只溺水的耗子! 真是一场噩梦! 是的, 没错, 你的老师把你带到令你毛骨悚然的地理世界, 太悲惨了!

实在太可怕了, 以至于你很高兴醒了, 并且恢复了知觉, 继续你的地理课, 尽管无聊, 但至少不会是湿漉漉的。

但是并非所有的地理都那么令人郁闷和不爽, 其实有相当一部分是极为刺激和有趣的。试一下这个简单的试验——对你的妈妈、爸爸露出甜甜的微笑, 然后告诉他们你想洗个澡。别浪费时间等什么回答, 他们一定会惊诧得张口结舌。直接走进浴室, 把水龙头拧到最大, 那么放满一浴缸水要花多少时间呢？10分钟左右？现在想象一下2亿个水龙头开到最大，10分钟后放出的水量就可以充满令人敬畏的亚马孙河——地球上最大的河流。现在回到你的浴室，拔出塞子，把你的毛巾甩得啪嗒啪嗒响，假装你在尽情地沐浴。我敢打赌这次经历会给你的回忆留下精彩的一页。

这就是本书的写作宗旨。"愤怒的河流"有足够的长度来环绕世界，有足够强大的力量冲刷出一条深深的山谷，有足够的气势冲毁整个城镇，再加上有从埃菲尔铁塔一样高的地方跌落下来的勇气，这就是愤怒的河流。在本书中，你可以：

▶ 和勇敢的导游——特拉维斯一起探索世界上最伟大的河流。

▶ 尝试越过世界上最高的瀑布。

▶ 捕一条食人鱼，然后美餐一顿（要小心你的手指）！

▶ 学会怎样在洪水中求生（不要存任何侥幸心理）。

这就是亘古未有的地理。相信我，绝对不会无聊！你所要做的只是动动你的手指头——翻页，你也不需要弄得湿漉漉的，当然了，除非——你把书丢到浴缸里。

西部·野外·河边

刘易斯和克拉克的惊人冒险，于美国华盛顿，1803年

这两个年轻人在某一天被托马斯·杰斐逊总统召见，他们太紧张了，甚至有些发抖，尽管办公室里很暖和。事实上他们刚刚被委以重任——领导有史以来第一次横跨美国西部荒野的官方远征，目的是寻找一条通往太平洋的河流。

杰斐逊总统的计划是开发那里的贸易，并解决移民问题，使美国变得更加富有和强大。但是有一个棘手的问题——从没有人勘探过那片广阔的土地，也没有人知道摆在他们面前的是怎样的危险，以及他们是否还能顺利返回。这足以让任何一个人知难而退，而杰斐逊总统只是和他们握了握手，祝他们好运就完事了。他不在乎别人会说什么，他很自信他为这项工作找对了人。

这两位令人担心的先生正是活泼的麦瑞韦德·刘易斯上校——总统最信赖的私人秘书，以及刘易斯的老朋友——威廉·克拉克海军上尉。他们是那样的朝气蓬勃、高大威猛、玉树临风、有勇有谋，真是再合适不过的人选了。（当然，外表其实也没那么重要啦！）但是，这仍然是一条充满艰辛的漫漫长路。
刘易斯和克拉克集思广益，很快就孕育出一个大胆的计划。他们
打算从密苏里河出发，一直前进，跨过落基山脉，然后沿着哥伦
比亚河直至太平洋。太简单了！

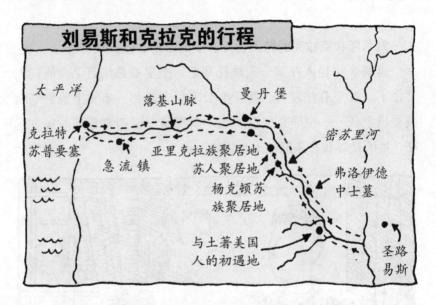

刘易斯和克拉克的行程

太平洋

落基山脉　　　曼丹堡

克拉特
苏普要塞　　　　　　　　　　　　　　密苏里河

急流镇　亚里克拉族聚居地　　弗洛伊德
　　　苏人聚居地　　　中士墓
　　　杨克顿苏
　　　族聚居地

与土著美国
人的初遇地　　　　　　圣路
　　　　　　　　　易斯

他们花费了整个冬天来准备这次远征。他们并不是单独上路
的，和他们同行的还有一支由43名男性组成的队伍，其中大多数
是军人，并且自豪地称自己为"发现之旅"。他们还随身带了6吨
食物（当这些全被吃光后，他们不得不以打猎为生）、武器、药
品、科学器材以及送给当地人的礼物。

这些东西装在了三条结实的船上——一艘游艇和两只木船。

这可是非常关键的，离开这些好帮手，他们就只能等着沉底儿或是游泳自救了。

终于，在1804年5月14日，那是个星期一，万事俱备，一声枪响标志着起程，远征就从密苏里河畔的圣路易斯小镇开始了，这意味着他们要离开家两年半呢。从圣路易斯出发后，他们沿着伟大的密苏里河前进，因为它直指着西部，然后穿过起伏不平的绿色草原，那里有成群的野牛悠闲地散步。在头5个月里，旅程一直很顺利。他们乘木船一路溯流而上，沿途美景尽收眼底，真是令人愉快啊！唯一的小挫折就是成群结队的蚊子不断地围着他们的脑袋嗡嗡乱叫，实在是有些烦人。

到了10月，他们到达了曼丹印第安人的聚居地，并且受到了热烈的欢迎，于是他们决定在那里过冬，因为河面马上就要被冰层覆盖了。

1804年到1805年的冬天很长，很冷，也很烦。有些日子，气温骤降到令人牙齿打战的零下40摄氏度！远征队的成员们只得待在温暖（却很无聊）的木头船舱里，天气实在是太寒冷了，他们绝对不会傻到冒险踏出舱外半步。

7

直到第二年4月，大家又开始为能够重新上路而兴奋不已。但是他们遇到了一个小小的麻烦——到目前为止，一直都是按照一些粗略的地图前进，可是接下来的路已经超出了地图的范围。这下可糟了！摆在他们面前的完全是未知的版图。没有了地图，刘易斯和克拉克也无法预知今后的遭遇——不知是应该跋山，还是应该涉水，或是一路披荆斩棘。这回彻底没了主意，他们只能祈求仁慈的上帝保佑他们选择了正确的方向！

然而，勇敢的刘易斯和克拉克不是那么容易服输的。他们雇了当地的一个印第安人做向导（他对那里的地形非常熟悉），于是队伍继续向上游行进，到达了落基山脉。接下来才是整个征途中最具挑战性的部分——翻过这座山，这确实是个严峻的考验。他们已经快弹尽粮绝了，到了晚上，更是冷得厉害。所有队员能做的只能是一边咬着打战的牙齿，一边拖着沉重的脚步顽强地前进。

他们的勇气战胜了一切。在山的另一边铺展着一望无际的草原，还有令人期待已久的哥伦比亚河。终于，1805年11月7日，他们的船向着海的入口处顺流而下，到达了远征的目的地——传说中的太平洋。

第二年春天，他们又踏上了回家的漫漫旅途，并在1806年9

月23日到达圣路易斯。刘易斯和克拉克受到了英雄般的欢迎。每个人都非常高兴见到他们，因为大家都以为再也见不到他们了。他们先后跋涉了大概7000千米的路程，其中大部分路程都借助了独木舟。一路上，他们听够了大灰熊的咆哮和响尾蛇发出的咔嗒声，也受够了冻伤、恐惧以及饥饿带来的威胁。刘易斯甚至还被同伴的枪打伤过腿——他不幸地被误认为是一头鹿！这些都是千真万确的！尽管这样危险，整个队伍中仅有一人牺牲，而且可能是因为阑尾炎。可以说，这次远征取得了胜利，也付出了惨痛的代价。说实在的，他们的河流路线并不是很实际。如果你不是个勇敢的探险者，那么这条路线对你来说就太长也太危险了。后来很多美国人沿着刘易斯和克拉克的脚印去寻找新大陆和贸易点，但是他们都明智地选择乘坐马车的陆上路线。

但是从地理学上说，这也算是个突破性的成功。刘易斯和克拉克的远征留下了各种各样的地图、草稿和笔记，记录了他们沿路的河流情况以及遇到过的人。他们坚持记录了所有的事，当然这也是地理学家从事的工作之一。而且，这些可怕的地方和人都是地理学家们听都没听过的。

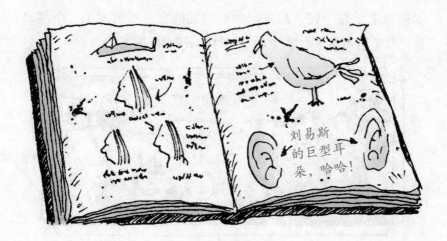

顺流而下

当然啦，优秀的刘易斯和克拉克并不是最早意识到河流竟是如此便利的人，假使他们从一条河的A点驶到B点，就会看到沿途的居民可以饮用河里的水，又在河水中洗涮、钓鱼，或是经常在此消磨时光，如此这般，年复一年。

罗马人甚至曾经在河边建了一座城市。传说罗马城是由罗穆卢斯和瑞摩斯两兄弟建造的。他们是长得一模一样的孪生兄弟。他们的母亲是女祭司莉雅·西尔维亚，父亲是战神马尔斯，他们幸福地生活在一起。后来，他们幸福的家庭里出现了一个坏家伙，就是他们邪恶的叔祖父——暴躁的阿穆略国王。

★ 这是罗马人照相时表达"欢乐"的方式，就像中国人照相时说"茄子"一样。

叔祖父阿穆略做梦都担心将来有一天当这对双胞胎长大了，会夺取他的宝座。于是他把他们塞进了一个竹篮，丢进了汹涌的台伯河。这样，他就为自己的生日礼物献上了一份重礼，同时，也保全了他的王位。

这对孪生兄弟一路顺流而下，最终停在了巴拉丁山的山脚下。在那儿，一只母狼发现了他们，但是他们并没有成为它的美味午餐，而是被它带回了"家"，还被抚养成为善良的、彬彬有礼的……呃……狼人。

后来，他们和一个好心的牧羊人生活在一起（但是他们被要求保证不去追赶羊群）。他们从来不曾忘记他们愉快的"狼"生活，并且决定在当年他们遇救的地方为他们的狼妈妈建一座富丽堂皇的城市。

工程开始了。但是没多久就变得糟糕透顶——罗穆卢斯和瑞摩斯整天为了一道墙的高度争吵不休！事情是这样的，罗穆卢斯修了一道墙以抵御敌人的入侵，可瑞摩斯说那毫无用处——矮得挡不住任何人。为了证实他的观点，他还从上面跳了过去。

罗穆卢斯简直气疯了。这对双胞胎还能重归于好了吗？不，很遗憾，他们没有。罗穆卢斯拔出了他的剑，杀死了瑞摩斯，接着就用自己的名字命名了这座河堤城市。

这就是台伯河边罗马城的建城传说，听起来还蛮有意思的……

捉弄老师

你可以用这个有关罗马河流的对话智胜你的老师：

问题：杰肯做了什么呢？

答案

　　粗略地翻译一下，意思就是"杰肯掉到河里了"。Fluvial 其实是跟河流有关系的任何事情的优雅的说法。它源自于拉丁语，可爱的罗马河流的古老语言。现在知道是什么意思了吗？

那么究竟什么才是咆哮的河流呢？

　　地理中的有些问题是你即使搔破头皮也想不出来的。别担心，你可以把它们列为省略号里的部分。这本书提到的恰恰是另一些问题——它会让你不费吹灰之力，就摇身变成一个天才地理学家，比如说咆哮的河流的问题。你的老师可能会试图用又烦人又莫名其妙的河流知识来糊弄你，千万别理会，那只是你的老师想让你自我感觉良好罢了。很悲哀吧？嗯，确实！可怕的事实是，河流就是流过陆地的淡水流（也就是说它们不会像海水那么咸）。简单之极！

震惊全球的事实

我们居住的星球其实更适合"水球"这个名字。为什么呢？是这样，地球表面约有四分之三的面积都被水覆盖，其中大多数（大概97%）是含有盐分并且属于海洋的。剩余的部分称为淡水，这其中的一些又是冻结的冰盖和冰川，或是地下水。所以余下给河流的并没有多少。事实上，河流中的水还不足地球上总水量的1%。我们不妨做这样一个假设——如果你可以把地球上所有的水装进一个大水桶里，那么河流中的水还不到一茶匙。真是出乎意料！

令人着迷的水

你可能会认为美味的巧克力牛奶冰激凌是地球上最好吃、最让人珍爱的液体。但是你错了——绝对的错误。你可以连续走上几个星期而不喝一杯牛奶冰激凌，可要是没有水喝，你就会像恐龙一样在几天之内从地球上消失。那么这些水是从哪儿来的呢？从咆哮的河流中，这是当然的。河流仅占地球上水资源的1%，但就是这1%的水被净化后，就足以供我们饮用了。

你确定这水是净化过的？

第一个认真研究水的人（我是说全方位的）是英国科学家——亨利·卡文迪许（1731—1810）。亨利出生在法国的尼斯，但是他的一生几乎都是在伦敦度过的。优秀的亨利其实是个不合群儿的人，他和父亲住在一起，直到父亲去世，而且他很少出门。呃——这么说吧，如果你的审美观糟糕得和亨利一样的话，你也会不喜欢出门的。他最心爱的行头是一套过时的、不可救药的、镶皱边的茄紫色西服，配上翻边袖口，再扣上一顶俗气的三角帽。太可怕了！所以，亨利没什么朋友一点也不奇怪，当然也就别指望他有女朋友了。实际上，他甚至从不让女孩子踏进他家门槛半步，他认为那样影响不好。

幸运的是，上帝对亨利还算仁慈。他在化学方面绝对是个天才，大部分时间他都待在房间里，做那些杂乱无章的化学实验。（他不喜欢和人打交道，毕竟，试管不会和他顶嘴。）

15

总之，当幸运的亨利40岁的时候，他继承了100万英镑的遗产，他立刻变成了富翁！但是他自己意识到了吗？噢！没有！他会把他的钱挥霍在好酒、千奇百怪的衣服上或是出国旅行吗？不，他没有。他继续像以前一样努力地工作，并把他那些可爱的金币花在——猜猜是什么地方？对了！没错！就是购买更多的实验仪器和化学书籍。同时受到恩惠的还有可怕的地理，因为没多久，亨利·卡文迪许就得到一个震惊世界的发现—— 一天，在他的实验室里，他将一些氢气和氧气混合起来装在一个广口瓶里加热，你认为他会看到什么？

a 瓶壁上覆盖了一层烟灰？

b 瓶壁上覆盖了一层水？

c 瓶壁上覆盖了一层黏土？

答案

b）广口瓶的瓶壁上覆盖的是水。聪明的亨利发现水不像脑子少根筋儿的科学家们想象的那样，是由一种单一的物质（也就是说单纯的水）组成的。实际上，它是由氢气和氧气两种气体生成的。二者反应生成的水蒸气遇到瓶壁就会冷凝（变成液体的水）。太令人难以置信了！用化学式表示，H_2O 代表水，意思是两个氢原子和一个氧原子就组成一个水分子，而数不清的奇妙的水分子就组成了咆哮的河流。

今天，一些像亨利一样的人也许会被称为可怕的水文学者，那是对研究河水的地理学家的尊称。而崇高的亨利则是他们的鼻祖。他的祖父和外祖父也都是鼻祖级的公爵，还留给亨利只有鼻祖才能享用的财富！

震惊全球的事实

但是这些可怕的H_2O究竟是从哪儿来的呢？总不能都是在广口瓶里产生的吧？还有，它们是怎么变成巨流的？这儿有一个地理小常识供你浏览。巨流中的水早已经流过不知多少遍了。在水循环中，它们一遍又一遍地再生。因此流淌在令人敬畏的亚马孙河中的水很可能曾经也流经过古罗马。是不是不敢相信了？那么让我们看一下水循环到底是怎么进行的，想象自己就是一个为亨利努力工作的了不起的水分子。（要是不介意的话，也可以把你的地理老师想象成一个水分子，那样更好。）好了，总之你要充分动用你的想象力！

你马上就要踏上一个很漫长的旅程了。翻过这一页，你会发现有一张图为你指路。准备好了吗？就要开始喽！

接下来，成千上万个小水滴聚集在一起形成了云。现在大海看起来好远哦！

云层内可谓是变幻莫测！其他的水分子都在拼命朝你猛冲，和你团结在一起，直到你太重了，没法再留在附近了。留神啦！你马上就要踏上回到地球的长途旅行了。没错，你就是雨！

⑥ 你们可能会落入河中，然后再被冲入大海；也有可能落在冲积平原上，然后随细流回到河中；还有可能你们会直接渗透到土地中（或者直接掉到海里）。但是你的旅程还没有结束，别妄想了！新的一轮又要开始了！

19

震惊全球的事实

要想算出你离开家有多远了，这儿有一个节省时间的小诀窍。一个水分子在它变成雨落下之前，要在空气中停留大概10天的时间。如果它（说你也行）直接飞溅到咆哮的河流中，你还需要随波逐流几天。但是如果你直接渗透到土地中，那么在你再次回到河流中之前，你恐怕要原地不动地待上成千上万年。再算上你到达海洋前的另外3000年，你可能再也不用回学校了！

地球上的河流究竟是怎么流的呢？

1. 正所谓水往低处流，这是显而易见的，你会马上意识到它们是由于重力作用。这和你骑车下坡是一个道理，你不需要蹬踏这个动作——重力会包办代替一切的。重力就是那种让物体自然落到地面的力。它可以令你的双脚保持不离开地面。这通常发生在一个较大的物体（地球）吸引着一个相对它的较小的物体（河流或是骑单车的你）时。

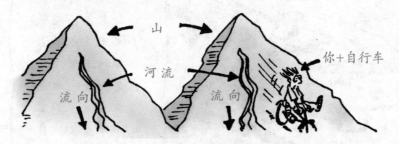

2. 河水通常不会总按一个速度前进，它会加速也会减速。这并不取决于它是否累了，而是由于摩擦力的缘故。当两个物体都试图从对方身边挤过去时，就会产生摩擦力，并且使对方的速度降低。就好像你出门购物，扎在人堆里的时候。

这与河流有什么关系呢？是这样，有些时候，河流（物体1）与河床、河岸（物体2）间的摩擦力会降低水的流速。一条河流速最快的部分是在它的表面靠近中央的部位，那里的摩擦力最小。

看看一条河能流多快

你需要准备：

▶ 一块秒表
▶ 一个卷尺
▶ 两根木棍
▶ 一个橘子
▶ 一条河

你的工作：

1）测量出一段10米长的河岸，用两根木棍标出起点和终点。

10米

2）把橘子投入水中。

3）当橘子顺流而下时计时（那正是水流的方向）。

流向

4）接下来就是一些烦人的数学问题。你可以忽略这部分，如果你觉得这太像家庭作业的话。还记得河流中的哪部分会比其他部分速度快吗？要算出整个河流的平均流速，你需要把你的答案乘以0.8。举个例子，如果橘子在20秒内行进了10米，那么流速就是0.5米/秒，接下来再乘以0.8，平均流速就是0.4米/秒。（专家们利用平均速度来计算诸如河水流量的问题。但这是另一个数学问题了！）

3. 河流在流下险峻的峭壁时流速最快，没有什么比瀑布速度更快了。尼亚加拉河在垂直飞下尼亚加拉大瀑布时会加速到108千米/小时，那是正常步行速度的16倍。顺便说一句，计时的时候记着穿上你的跑鞋！

哦！好一条汹涌、咆哮的河啊！

4. 在任何时候，即使河流中水量充足，也只能维持流动大约两个星期。一旦没有及时的供给，它们很快就会干涸。

5. 古希腊人为了让河水保持流动，提出了一些有趣的主意。他们弄清楚了有关水循环和降雨的道理。（他们正是那群自以为什么都知道的人。）但是他们连一分钟也不会相信足够的降雨就能喂饱咆哮的河流。

他们认为水一定来自于大海，那些水通过地下流到河里（并不知为何在途中丢失了原有的盐分）。

6. 1674年，法国律师、政治家、兼职水文学者皮埃尔·佩罗测量出一年的降雨量，而这些雨原本就是由塞纳河蒸发出来的。

他发现了什么？他算出雨量足够填满6个塞纳河，剩下的还能冲个凉。你说，自以为是的希腊人是不是犯了个超级错误？

7. 可怕的地理学家们现在知道河水主要来源于4个不同的途径，并且全部都是由雨开始的。下面就让特拉维斯带你们了解一下吧。

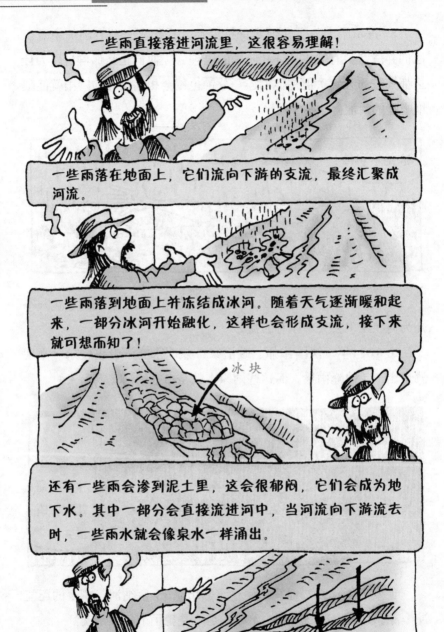

一些雨直接落进河流里，这很容易理解！

一些雨落在地面上，它们流向下游的支流，最终汇聚成河流。

一些雨落到地面上并冻结成冰河。随着天气逐渐暖和起来，一部分冰河开始融化，这样也会形成支流，接下来就可想而知了！

冰块

还有一些雨会渗到泥土里，这会很郁闷，它们会成为地下水。其中一部分会直接流进河中，当河流向下游流去时，一些雨水就会像泉水一样涌出。

8. 感谢上帝，河流不用非得依赖地下水作为供给。幸好如此，要不然它们会等得望眼欲穿的——地下水流得非常缓慢，正如一位科学家所形容的：

另一位科学家——美国的约翰·曼恩，决定验证一下这种"蜗牛"传说的真实性。当然你也可以效仿这个拖泥带水的实验。

你需要准备：

▶ 一个卷尺

▶ 一块秒表

▶ 一只蜗牛

▶ 超多的空闲时间

你的工作：

1）把你的蜗牛拿到花园里。

2）把它放到指定的路线上。

3）测量这只蜗牛往前磨蹭1米需要的时间。

（如果你等得实在是无聊，就缩短需要它爬行的距离。）

终点

你认为会发生什么？

a）蜗牛会引诱你。

b）蜗牛按照蜗牛一贯的步伐前进，这不用说也知道吧。

c）蜗牛移动的速度比地下水的流速快。

答案

c）约翰·曼恩根据他的实验数据算出，地下水的流速只有蜗牛前进速度的1/70，比迟钝的蜗牛还慢70倍！天哪！太没道理了！嗯，谁说科学实验特别好玩的，给我站出来！

打破纪录的巨流

考考你的老师

不管这河是顺流还是逆流，你都有理由好好休息了。为什么不舒舒服服地靠在沙发上，悠闲地跷起腿，然后把那些苦活累活留给别人呢？比如说你的地理老师！考考他们对水文学到底了解多少。

1.尼罗河是地球上最长的河。　　　　　　　　　　对/错

2.亚马孙河的水量最大。　　　　　　　　　　　　对/错

3.最短的河是D河。　　　　　　　　　　　　　　对/错

4.莱茵河是欧洲最长的河。　　　　　　　　　　　对/错

5.有些河总是干的。　　　　　　　　　　　　　　对/错

6.有些河在冬天会完全冻结。　　　　　　　　　　对/错

答案

1. 尼罗河位于埃及，长6695千米，是世界上公认的最长的河流。但是还有和它势均力敌的——南美洲的亚马孙河只比它短了255千米。一些较真儿的地理学家可不这么认为。根据他们的测量结果，亚马孙河更长一些。（注意：不用顾虑这些分歧。地理学家们总是这样吵来吵去。要知道，地理不是精确的科学，就是说没人知道绝对确定的东西。所以尽管地理学家们很乐意相信自己可以给任何事下个定论，但他们依然争执不休！）

2. 对。令人敬畏的亚马孙河比地球上任何一条河的流量都要大，它是尼罗河水量的60倍，占地球上河流总流量的1/5。在它的出口处，亚马孙河每秒钟会向大海排出95 000立方米的水！这就相当于腾空整整53个奥运会比赛专用泳池。和这条巨河比起来，尼罗河只不过是个小水滴罢了。

3. 半对半错。事实上，美国俄勒冈州的D河只有37米长，是世界上最短的河，它从魔鬼湖流入太平洋。

4. 错。俄罗斯境内的伏尔加河有3530千米长，是欧洲最长的河。而莱茵河只有1320千米，不足伏尔加河的一半长。

5. 对。许多沙漠河流几乎从未有过水。因为沙漠里很少下雨，它们一年中的大部分时间都是干涸的。其他的河流在冬季有水，而到夏季会干涸。

6. 对。每年冬天，鄂毕河的上游额尔济斯河会被冻得严严实实。河流的上游部分高高地悬挂在山上，足足被冻实长达5个月。哇!

老师的分数

每题2分。在他们没有作弊的情况下，他们的成绩说明:

10～12分: 很好。有这样深入的了解，你的老师一定能成为一位顶尖的水文学者。

6～8分: 还可以，但是答案还不够完美。如果你的老师在功课上再多下点工夫，也许还跟得上进度。

4分或更低: 噢，太糟了! 很抱歉，但是你的老师在这方面确实太不上道了。要端正教学态度……

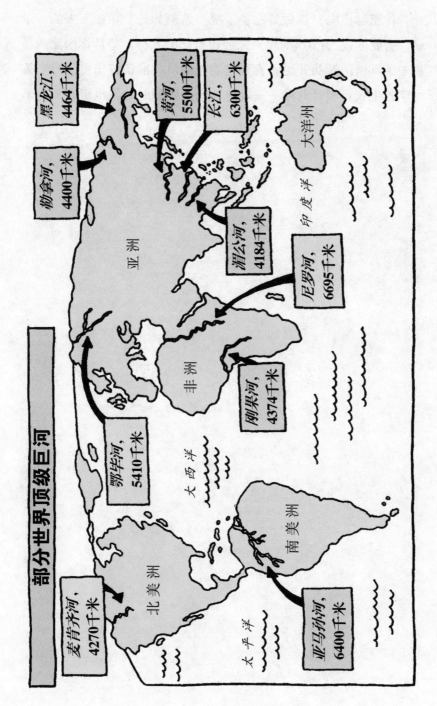

部分世界顶级巨河

黑龙江, 4464千米

黄河, 5500千米

长江, 6300千米

勒拿河, 4400千米

湄公河, 4184千米

尼罗河, 6695千米

鄂毕河, 5410千米

刚果河, 4374千米

麦肯齐河, 4270千米

亚马孙河, 6400千米

亚洲

大洋洲

印度洋

非洲

大西洋

北美洲

南美洲

太平洋

　　休息够了吗？都做好准备了吧？希望如此。在接下来的一章里，需要你投入120%的精力来应付自己的亢奋。等待你的路线是从一条巨河的源头开始一直到它的入海口。准备好出发了吗？练习穿救生衣可要计时哦——以防独木舟倾翻时，你也跟着"完事大吉"！

奔向大海

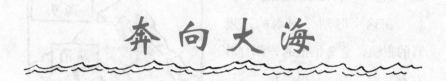

　　河流和人有点儿像。人老了会变，河流也一样。河流年轻的时候，就像刚睡醒的孩子，充满活力地向着海洋流淌、奔跑，开始新的生活。当它们长大一些，就会变得成熟、稳重，不慌不忙地放慢脚步，踱着步子进入中年。最后，当接近旅途的终点——大海时，它们就进入老年了。它们多半都会步履蹒跚，昏昏欲睡，若是突然被人打扰，还会变得有些暴躁——听起来就像是你身边的人吧？

河流：乘风破浪之旅

第一幕：年轻的河流

在这个时期，河水的速度真的很快，急急忙忙的，浑身散发着青春活力。它很强壮，甚至能搬得动非常重的大石头，使它们在相互的摩擦与碰撞中逐渐变碎，形成河床与河岸。

第二幕：中年的河流

这时，河水开始放慢速度了，不再那么湍急。它把搬运石头这个重担卸下肩来，此时石头对于它来说已经太重了，但仍然可以搬得动大量泥沙。它不再直接费力将障碍物移开，而是巧妙地绕过它们。看来，真的是长大了！

第三幕：老年的河流

此时，河水运动非常迟缓，好像马上就要睡着了……呼噜呼噜……对不起！这时它已经把泥沙都放下了。这一时期河水经常会漫到岸上。但在这以后，它就可以流入大海，开始它舒舒服服的长假了。

源头

湖泊

瀑布

雏菊
（上等货）

河湾

三角洲

沙岸

第一幕：年轻的河流

源头：嗨！朋友们，早上好！欢迎来到甲板上。我叫特拉维斯，是你们今天的导游。说实在的，你们的运气真是不错！如果你有问题，就请提出来，我会为你解答——只要不是太难！我们所在的地方就是河流的源头——我们脚下奔涌的河流就是从这里发源的，我们的疯狂之旅就从这里开始。这一源头可能是降落在山顶上的雨水，也可能是地下涌出的泉水（如果水量很大，超过了地表的吸附能力，水便从山上涌下来）。大家都做好准备了吗？坐好！现在向山下进发！

流域盆地：请注意！噢！看在上帝的分儿上！醒醒！醒醒！左右看一看，你会发现周围是流域盆地。对不起，你有什么问题？

对，就是后面那位老兄！哦！明白了！哈哈，这可不是你妈妈用来装蔬菜、茶点的盆！这是为河流提供水的地方。亚马孙河的流域盆地，大概有650万平方千米，有两个印度那么大！甭提有多大了！我想你同意我的说法了！

支流：看到从右边流过来的那条小溪了吗？不，先生，是右边不是左边。有人知道它叫什么吗？没人知道？啊啊，那也没关系。

地理学家把它称为支流。不，女士，我也不知道他们为
什么不直接叫它小溪。相信我！这样我会好过一点儿。
有的支流以它们自己的方式奔流着。还是以亚马孙河为
例，它有上千条支流，其中有一条叫做巴拉那的，是世
界上最长的河流之一。啊，瀑布！现在，是我们本次旅
行最激动人心的部分！也是我的最爱！想体验什么是勇
敢吗？有足够的胆量跳下去吗？对不起，女士，即使你
晕船，现在也来不及回头了！系好安全带，我们马上就
要投身到瀑布中去了！瀑布是由河流从陡峭的悬崖上冲
下来而形成的（见第61页）。如果你恐高，那就闭上眼
睛吧——冲啊！

第二幕：中年

主流：哇！太刺激了！我们得在这里停一会儿，我要清点一下人数，看看是不是大家都安然无恙。别紧张，女士，任何人都有可能发生危险的。现在，我们在河流的主干了。这可跟大象的鼻子或者是树干没关系。但是，如果想表现一下自己的聪明和富有诗意，你可以说，支流就像从主干上长出的树枝一样。河流的名字都是根据主干的名字而定的，比如尼罗河、亚马孙河，或者，呃——D河。明白了？怎么了，先生？有不理解的地方？我马上过来给你解释。

河谷：看到两边高耸的斜坡了吗？我们现在正身处一个"V"形河谷，它是由湍急的水流冲刷过岩石而形成的（见第55页）。

我们刚才在顶上已经看到了壮丽的景色。但马上我们又有一段新的旅程了。我们还有很长一段路要走。别担心，女士，我们待会儿会帮你打票的。收好钱包，别让它被水打湿了。

上游 ← 　　　下游 →

河湾：现在我们好像绕着一个半圆在走，但是毫无疑问，是河流在绕弯而不是我们。我们在河流中看到的这种蜿蜒的"S"形河道，就叫河湾。

37

好的，先生，问得好——为什么要叫它们河湾呢（Me-anders）？它们是根据土耳其一条弯弯曲曲的曼德列斯河（Menderes）命名的。不，女士，我们这次可不去那儿。下面，我们用简短的语言解释一下，河流是怎样形成河湾的。

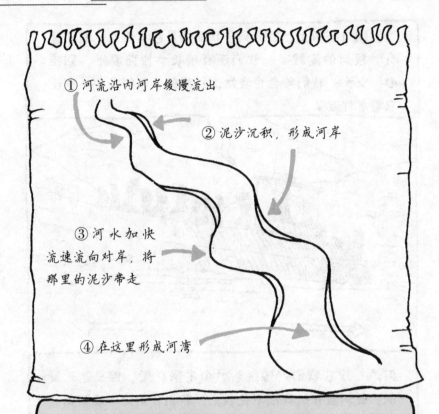

① 河流沿内河岸缓慢流出

② 泥沙沉积，形成河岸

③ 河水加快流速流向对岸，将那里的泥沙带走

④ 在这里形成河湾

U 形湖：看见你们左边那个可爱的香蕉一样的湖了吗？不不不，不是你那个香蕉蛋糕，小姐！我们马上就可以吃午饭了，别急啊！对了，女士，就是那边。它被称为U 形湖，就像是从一个围成圈的河湾直接切下的一段似的。想照张相片吗？如果我是你们，我一定会照的。因为过不了多久，它就会变干了。

第三幕：老年

冲积平原：你们看到左右两边那些黏糊糊的泥了吗？这就是河流的冲积平原。这些泥说明河水曾经在这里流过，泛滥，然后留下了成千上万吨的黏土，遍地都是（这些黏土是河流从另一个冲积平原带来的，那些冲积平原也覆盖着泥沙）。这些泥土看起来没什么特别，但实际上，这样的泥土中蕴含着极其丰富的矿物质，这些矿物质对作物的生长很有用。像水果啊，蔬菜啊，都很喜欢这样的土壤。这就是为什么冲积平原的农业往往都很发达。说到食物，大家是不是都饿了呢？那就停下来休息一下，开始我们的午饭吧！

河口：嗨！朋友们！现在我们已经来到了河流的入海口，也就是我们本次旅行的终点。在这里，我们就要向身后的河流说再见，看着它流入大海了。在这里，河流卸下剩余的泥沙。一部分泥沙形成了三角洲（见第67页），另一部分被水流带进大海。要和你们说再见了。很高兴和大家一起旅行，希望你们也是一样。下船的时候当心啊！在船上坐久了，要好好活动活动筋骨才行！对了，你们要是想给我小费，呵呵，我把帽子放在船后面了。总之要谢谢大家！再见啦！

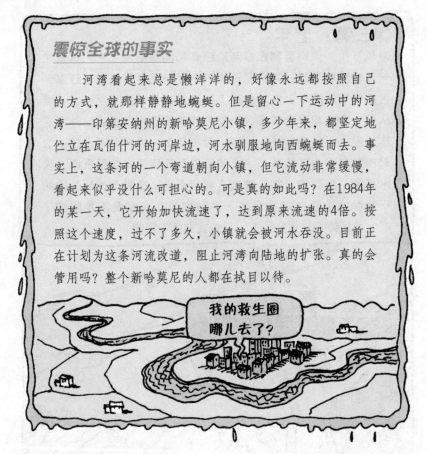

震惊全球的事实

　　河湾看起来总是懒洋洋的，好像永远都按照自己的方式，就那样静静地蜿蜒。但是留心一下运动中的河湾——印第安纳州的新哈莫尼小镇，多少年来，都坚定地伫立在瓦伯什河的河岸边，河水驯服地向西蜿蜒而去。事实上，这条河的一个弯道朝向小镇，但它流动非常缓慢，看起来似乎没什么可担心的。可是真的如此吗？在1984年的某一天，它开始加快流速了，达到原来流速的4倍。按照这个速度，过不了多久，小镇就会被河水吞没。目前正在计划为这条河流改道，阻止河湾向陆地的扩张。真的会管用吗？整个新哈莫尼的人都在拭目以待。

> 我的救生圈哪儿去了？

捉弄捉弄你的老师

　　下次如果有老师问你长大以后想要干什么（很无聊的问题，不是吗），你可以假装想一会儿，然后告诉他：

> 哦，我想成为一个著名的湖泊学家！

湖泊学家？我还真的不知道他们是干什么的！

答案

　　湖泊学家可以看成是另类的地理学家,他们研究湖泊、池塘、河流以及小溪。实际上,湖泊一词,在古希腊语中是"多沼泽的地方"之意。湖泊学实际上是水文地理学、地理学、化学、物理学以及生物学的总和——听起来很牛,是不是?

问题的来源

　　要是你还没有在你们的河流之旅中被打湿,那就回头想想河流开始的地方——源头吧!源头可以分为三种——但是不管是哪一种,河流的源头通常都是在高山上。

　　你能把下列三条著名的河流和它们各自的源头联系起来吗?试试看——这可是做大事的开端哦!

河流:

1. 恒河

2. 亚马孙河

3. 莱茵河

源头:

a) 渗漏湖

b) 冰河

c) 山泉溪流

答案

1. b）恒河的源头是位于喜马拉雅山脉的冰川。喜马拉雅山位于亚洲境内。在春季和夏季，冰河的顶部开始融化，融水形成一条条小溪，汇入恒河。恒河横贯印度，一直到达印度东面的孟加拉湾。对于很多人来说，恒河是一条从天而降的神圣的河，他们把它当做神明那样崇拜着。在这条冰河下游有个村庄叫恒果村，每年都有成千上万的朝圣者冒着严寒来到那里，膜拜他们的神灵，还要在刺骨的河水里沐浴——冷啊！

2. a）令人敬畏的亚马孙河起源于秘鲁境内安第斯山顶上的一个很小的湖，水就像从湖中一滴滴漏出来一样，汇入一条叫做阿普里马克的小溪中。阿普里马克，在当地的语言中是"大声说话的人"的意思，因为它从山上流下时，会发出很大的"吼声"。亚马孙河就是从这个湖开始，横贯南美（绵延6400千米），注入大西洋。它带来的水量如此之大，以至于入海后的300千米之内都还保持是淡水。

3. a）和c）。莱茵河起源于瑞士阿尔卑斯山上的两条溪流。其中一条连着一条冰河的末端，另一条则是从一个湖里"漏"出来的。这两条河并不一直是相互独立的，它们不久就"会师"成为一条了。之后有许许多多其他的小溪流加入，随着它跨越德国、荷兰，流入北海。

令人遗憾的尼罗河源头探险

你也许以为寻找一条河流的源头是件轻而易举的事。其实，找寻者往往容易错过山上的不起眼的小溪流，即使是一个很"牛"的地理学家，也不是不可能出现这种状况。尤其是，如果你要找寻源头的那条河很长、很著名，比如说尼罗河等。也许你会不以为然，觉得这根本就不是什么大问题，而事实上，你错了，大错特错！

几百年以来，许多著名的地理学家都在到处寻找尼罗河的源头。他们都知道，这一源头肯定在非洲。可是，非洲实在是太大了，而且，有很大的部分还没有被认知。因此，这真是一个非常大的挑战。数不清的探险队出发去寻找尼罗河源头（其中包括一支由罗马皇帝尼禄派出的队伍），可是全都空手而归。尼罗河的源头到底在哪里？这成为地理学家们一直解不开的谜。直到1856年，这个谜才被两个英国探险家一举揭开，他们的名字是：理查德·弗朗西斯·伯顿（1821—1890）和约翰·汉宁·史贝克（1827—1864）。

第一部分：研究的开始

1856年12月19日，伯顿和史贝克在印度洋的桑给巴尔岛登陆，他们将从这里开始向非洲进发。他们这次打算到非洲的某些地方去探险，这些地方是之前那些欧洲探险者从未涉足过的。

但是他们没有时间为自己担心。他们把大量时间都花在了旅行的准备工作上。要完成这次旅行，离不开充足的供给——为此，他们至少花费了一年的时间——另外，还需要一些搬运工来搬运所有的物资（如果他们自己搬的话可就太忙了）。这些物资包括：一箱箱的科学设备、书籍、工具、药品，还有两人的一些小小的奢侈品，包括一箱雪茄、四把耐用的雨伞，还有12瓶白兰地——当然，你也可以说这是为了医疗用的。

　　一直到1857年6月，万事俱备，他们才真正开始了非洲之旅。他们的路线是先走内陆，向西行至坦葛尼喀湖，然后向北进山，去寻找那个神秘的源头。经过历时8个月的艰苦跋涉，他们终于到达了目的地。

　　天气酷热，蚊虫肆虐，而且有时候当地的土著人也不怎么友好。可是伯顿和史贝克知道，要想找到源头，他们就必须忍耐这一切。可是，他们能忍受所有的磨难，就是忍受不了彼此的脾气。

　　问题就在于，伯顿和史贝克，两人就像是火星撞上了地球一样，真是水火不相容。伯顿早就是一个著名的探险家了，有过多次非洲探险的经验，对非洲可以说是了如指掌。他勇敢，富有才学，能说29种语言，可是他为人也相当古怪，甚至有些反叛。一个朋友曾经这样描述他：

他有一张极为凶恶的面孔，冷酷的眼睛深陷着，像野兽一样，还有着上帝的眉毛和魔鬼的下巴。

再说史贝克，他是一位非常爱干净的、令人尊敬的绅士，与伯顿截然相反。然而他也很固执。也许他没有伯顿那么睿智，但是也绝对不容易被驾驭，绝不可能。伯顿和史贝克本来互相扶持，坚持到了坦葛尼喀湖，可是当他们到那儿的时候，几乎都不愿意相互说话了。好在当时，他们已经没什么力气争论了。伯顿的腿几乎移动不了，而且严重的口腔溃疡折磨得他连吃饭都很困难。史贝克则差一点儿失明，又因为一只甲虫掉进他耳朵里，使他差点儿变成聋子。

咦？什么东西在我耳朵里啊？

也许你会问，尼罗河的源头到底在哪里？难道他们都忘了为什么要去那儿了吗？伯顿泄露了"天机"。下面是他在日记中描述的他们剩余的旅程。（他自己肯定保存着探险日记的原版，或许和我们现在看见的不完全一样。）

我的日记

作者：理查德·弗朗西斯·伯顿

我！又聪明又勇敢！

史贝克！又丑又木讷！

绝对隐私，勿动！
（尤其是史贝克家族的人！）

1858年2月，非洲，坦葛尼喀湖

　　总算熬到最后了！经历了8个月的艰难跋涉，我们终于到达了坦葛尼喀湖。我必须说，这儿真美！而且，哈哈，我敢说，我们是看到这一盛景的第一对欧洲人！更妙的是，我们得知，有一条河流是从这个湖发源——也就是说，这里就是尼罗河的源头！你一定要记住我的话！

　　等我的口腔溃疡稍微好一点，我就要去好好看看坦葛尼喀湖。就我自己，千万别告诉……你知道是谁……呵呵！

　　稍晚——真是背到家了！你知道，他也打着相同的主意！这个老家伙找了两条小船，我们得一起出发去找那个湖。我打赌他会说这是他先想到的。

更晚一些——我们没有找到，有点失望。但是我知道我是正确的，我一直是正确的。

1858年9月，非洲，卡泽

你们一定猜不到发生了什么！可恶的史贝克又来了！他总想证明自己有多么聪明。他真把我给惹恼了！他一直在说他找到了尼罗河的真正源头……全靠他一个人！！照他的说法，他找到了另一个湖，以维多利亚女王的名字来给它命名！（真恶心！他想干什么？获得一枚勋章吗？）他说那肯定是尼罗河的源头。肯定不是！真愚蠢！我跟你说，这个人实在是太荒谬可笑了！他总是忌妒我在这方面胜过他。当我问他怎么证明那就是尼罗河源头时，他就哑口无言了，因此很明显，他说的话只不过是猜测罢了。不管怎么说，我对此是不屑一顾的。后来，大家都绝口不提"尼罗河"，只要我稍微提起，就被岔过去了。

1859年5月，英国，伦敦

这一次他做得太过火了，真不像话！当我们分道扬镳时，他向我保证一定会等着我回到家以后，才把

47

他愚蠢的理论告诉人们。但我早知道他肯定不会遵守诺言的，哼！他到处宣扬他的想法，而且人们竟然还请他再次探险，以证明他是否正确！天啊！他把大家都给蒙蔽了！我快要发疯了！不过没关系，先让他自鸣得意吧！我一定会找他算账的！到时候——哼！等着瞧！我会给他点儿颜色看看的！

1864年9月，英格兰，巴斯

史贝克死了！实在是难以置信！我等了足足5年，漫长的5年！可是现在，我等到了什么？他竟然就这样一走了之，死了！有的人就是这么自私，不光是在非洲。他回到家，到处胡言乱语，说什么尼罗河的起源问题解决了，结果让每个人都信以为真，兴奋异常。可是你知道，他连一点儿证据都没有！（我干吗要说这些？）所以我一定要和他面对面地、坦率地、彻底地解决整件事情！我们商定9月16日开会的，可就在那时，忽然传来消息说他在一起枪击事件中被袭，中弹身亡了！白痴！这种事情也只有他才遇得上！（其实，我心里还是有些难受的，不过不要告诉别人哦。）

第二部分：研究的继续

大卫·利文斯顿

一个名副其实的开心果

现在，轮到英国最有名的探险家大卫·利文斯顿（1813—1873）来研究这一源头问题了。看他的名字——利文斯顿（Livingstone）让人觉得充满信心。他对于工作很有一套，一开始就干得非常漂亮，而且能与每个人融洽相处。（伯顿，你就躲起来偷偷哭吧！）

1866年8月，他从英格兰出发前往非洲。利文斯顿认为，伯顿和史贝克的路线是错误的，尼罗河真正的源头是一条向南流的河。但这次探险真的是一次灾难。没过多久，探险队中就有一半成员病的病，死的死，要么干脆逃跑。利文斯顿自己也得了重病，而且与外界失去了联系。

好几年过去了，英国人都认为，可怜的利文斯顿现在可成为最著名的为事业而献身的探险家了。幸运的是，美国人并没有抛弃他，纽约《先驱报》有一名记者前往非洲去寻找他（当然，也是为了解决尼罗河源头的问题——也许你们早就听说了），他就是传说中的亨利·莫顿·斯坦利（1841 — 1904）。

长话短说，在1871年11月10日，斯坦利终于找到了利文斯顿。

在见到利文斯顿以后，斯坦利也对探险着迷了。他先回到英国，花较短的时间准备了足够的补给，之后便返回非洲，去验证伯顿、史贝克以及利文斯顿三个人的结论。三年过去了，在经历了许多艰难困苦和可怕的旅程之后，他终于给出一个令人满意的答复，揭开了尼罗河的源头之谜，而且是彻底的（这次才是真正的"了结"）。

那么，尼罗河的源头到底在什么地方呢？这三位探险家谁说得对呢？

a) 坏脾气的伯顿——坦葛尼喀湖。

b) 卑鄙的史贝克——维多利亚湖。

c) 失踪的利文斯顿——卢瓦拉巴河。

答案

b）最终，史贝克是正确的。（伯顿肯定会暴跳如雷的！）尼罗河的源头是一条从维多利亚湖发源的河，这条河形成了一个名叫瑞盆的瀑布。伯顿的运气实在不太好，他只是错把这条河的发源地当成坦葛尼喀湖了而已。事实上，这条河是流向坦葛尼喀湖，而不是从坦葛尼喀湖流出的。至于利文斯顿，也许他和人们相处得不错，可是他找错河流了。他认为卢瓦拉巴河是朝维多利亚湖南面流淌的，但是后来斯坦利证明，这条河注入了刚果河，它是离尼罗河很近的一条大河。

巨河档案

姓　名：尼罗河

地　址：北非

长　度：6695千米

源　头：维多利亚湖

流域面积：3 349 000平方千米

入 海 口：注入埃及沿岸的地中海

其他信息：

▶ 它是世界上最长的河流。

▶ 两条主要的支流分别叫做白尼罗河和青尼罗河，因为它们的河水分别是白色和蓝色的。

▶ 古埃及人居住在尼罗河沿岸。

▶ 古埃及人有一句谚语：喝过尼罗河水的人，就一定会再次回来。

　　至此，尼罗河源头之争总算告一段落了，尼罗河之谜虽得以解决，可是关于尼罗河的故事还远远没有结束。事实上，关于尼罗河源头的问题只是一个开端，对尼罗河的探险还有很多很多。嘿！别走远，伙计！我们接着到下游去看看吧。

探究河底

也许你会以为河流对于我们没有多大益处，只是自顾自流进海洋而已。你要是这样想，可就大错特错了。即使是最懒惰的河流事实上也是辛勤的劳动者。几百万年以来，河水以极大的力量不断地改变着地貌。（老师严厉的逼视会让你满脸的笑容一扫而光，但就是没办法改变坚硬的岩石。）但需要说明的是，河水并不是单独作用的，它携带着成千上万吨的岩石、泥沙，是它们赋予河水如此强大的能力。那么它们究竟是如何对地表进行修饰，地表侵蚀★又是怎样形成的呢？让我们一步一步来看吧。

★ 这是一个技术性名词——河流流经地面，并逐渐把它碾碎。这可真够累的！

地表侵蚀究竟是如何发生的？

1. 恐怖的地理学家们都是特立独行的，比如说，用他们自己独特的方式给所有事物命名。他们不会管河流叫河流，那样就太简单、太俗套了！他们也不会把河流携带的泥沙就称做泥沙，而是称它们为"负载"。麻烦吗？不！"负载"包括的范围可就大了，从双层电车那么大的石头，到米粒大小的沙子，都可以包括在内。

2. 有一些"负载"溶解在水里，就是这些成分使水质变硬的，也是水壶中水垢的组成成分。还有一些"负载"悬浮在水中而被带走。最大的石块、卵石则沉到河底，挨着河床，蹦蹦跳跳地向前滚动。那些无聊的地理学家将这些负载称为"河床负载"。

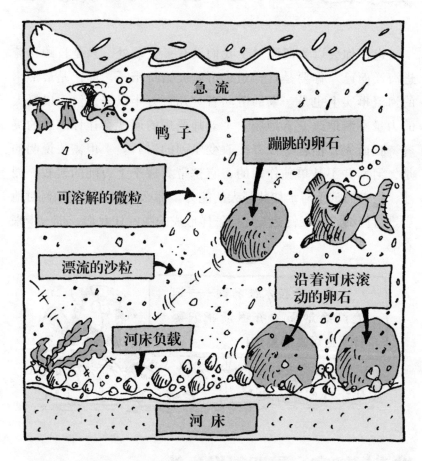

3. 纯水是很干净的，而且几乎没有颜色。可是谁稀罕这种无聊的河啊？大多数河是泥褐色的，因为其中有很多泥沙。但并不是所有的河都如此。就拿黄河来说吧，看名字就知道它是黄色的。这是因为河水里有许多从陆地上冲下来的黄土，使河水非常浑浊。中国不是有句古话叫"跳进黄河都洗不清"吗？想想看，当然洗不清啦！（要不，你下次不想洗澡的话，就试试这个方法？）还有一句话是这样说的："除非当黄河变清的时候……"用来形容某些事情不可能发生，就像黄河水不可能变清一样。

4. 一些"负载"擦过河床及河岸，就像一张巨大的砂纸。另外一些"负载"则像大槌子一样敲打着石块，把它们都变成碎片。

5. 一条河流的流速越快，就越能带得动又大又重的石块，而且对地面的冲刷也就越强。等到河流进入中年，速度减缓的时候，它的负载会变得更多，不过绝大多数是较轻的泥沙。等到接近海洋的时候，河流就基本上没什么能量了，所有的负载也就都沉积下来。这时，它对陆地就没有任何侵蚀作用了。真是劳碌的一生啊！

6. 侵蚀的过程很慢，人们通常是感觉不到的。要想看到侵蚀的结果，非得等个几百万年不可。只有经过这么长的时间，河流才能在陆地上刻出深深的"伤口"，我们称之为河谷。河谷是"V"字形的（有时候在河谷中看不到河，那是因为河水已经干涸，只留下了河谷）。峡谷是比较特殊的河谷，它两边的悬崖非常陡峭。要是你容易头晕，可千万别去那种地方（我的意思是你向下看会头晕眼花的）。但是如果你素质良好，那就不妨来参加我们盛大的比赛吧！（不过别指望能赢！呵呵！）

盛大的
大峡谷比赛

千载难逢的好机会！——如果胜出，你将可以赢得一次去美国亚利桑那州大峡谷旅行的机会！你可以在那里尽情享受。这将是一次难忘的旅行！

能猜出谁将为你绝妙的旅行担任导游吗？

奖项包括：

★两张亚利桑那州的返程机票。

★一本特拉维斯所著的《大峡谷旅行手册》，其中写到了你沿途将会看到什么，以及在旅途中的注意事项。

★免费与你最喜欢的人合影。

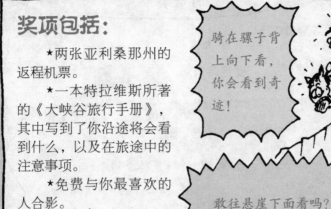

骑在骡子背上向下看，你会看到奇迹！

敢往悬崖下面看吗？

倒吸一口凉气：
世界上最深的峡谷！

在激流上漂流，一定会让你浑身发抖！

想参加比赛吗？你要做的只是回答下一页的问题。如果你不知道答案，那就猜猜吧。然后在地图上标出大峡谷的位置。给你点暗示吧——其实你已经看过答案了！

可怕的旅行——真是太令人激动了！

加拿大

华盛顿州　蒙大拿州　密歇根州　缅因州

俄勒冈州　爱达荷州　　　　　　纽约州

南达科他州

怀俄明州

内华达州　美国　印第安纳州

犹他州　科罗拉多州

加利福尼亚州　　　　堪萨斯州

亚利桑那州

俄克拉何马州

新墨西哥州　　　　　佛罗里达州

得克萨
斯州

用X标出答案（用X在图上标出大峡谷所在地）

请回答问题：

1. 大峡谷有多大年龄？

a) 600岁

b) 6000岁

c) 6 000 000岁

2. 大峡谷是哪条河流形成的？

a) 亚马孙河

b) 佛罗里达河

c) 托马斯河

3. 大峡谷有多深？

a) 1.6千米

b) 16千米

c) 160千米

如果你已经开始了比赛，就不要偷看哦！

1. c）但是峡谷两岸的岩石可比峡谷老多了。在山顶上的岩石中，保存有2.5亿年前的动植物化石。而靠近底部的岩石起码有20亿年的历史了！除了古老，我们还能用什么来形容呢？

2. b）科罗拉多河从落基山脉发源，在美国境内绵延2000多千米。它原本是流向位于科罗拉多州的墨西哥湾的，但是由于人们大量地从中取水用于农业灌溉和日常饮用，它的水量急剧减少，已经不能到达海洋了。在大峡谷最低的地方，有446千米的科罗拉多河流过。

3. a）大峡谷有1.6千米深，这就相当于站在444层的楼顶上向下看！天哪！悬崖从顶部到底部非常陡峭，如果你有胆量下去的话，可以尝试骑骡子或是步行。但不管是采用哪一种方式，都要花费很多天的时间，而且你一定要非常非常小心，千万不要惊动了响尾蛇！下到谷底是非常累人的，如果你没有劲儿再爬回去的话，不妨在河上坐船，尽管前面就是急流了。

这一段水流湍急，等你到达第104页的时候，你会学会如何在快速前进的船上适应。目前你是安全的！

震惊全球的事实

由于流水的原因，陆地上的泥土逐渐变薄。这是千真万确的！每年，河流会从陆地上冲走200亿吨的岩石、泥沙，直接将它们带进海洋里。也就是说，每1000年，陆地就会下沉8厘米。不过别担心，你感觉不到有什么不同——即使你的老师也不能，因为他还不够1000岁呢！

你有过下沉的感觉吗，先生？

从头复习

急流的力量非常之大，不光是河谷可以反映这一点。想象一下，如果你是一条年轻的河流，（来吧——你可以做到的！）当你正在欢天喜地地全速向前时，一些坚硬的石头挡住了去路。你会怎么办呢？选择一下：a）勇往直前；b）打道回府。你会勇往直前对吗？好极了！打道回府，那是懦夫所为！但是你要做好充分的思想准备，如果在硬石底下埋伏着比较松散的石头，你可就要冒险了。这里是瀑布形成的"内幕消息"：

1. 河水从硬石上流过，硬石下面是松散的石头。

2. 上千年以后，流水将松散的石头带走。

3. 一些硬石被留下，形成阶梯状，然后越来越大，越来越大——直到——

4. 急流从悬崖上冲下——哗——

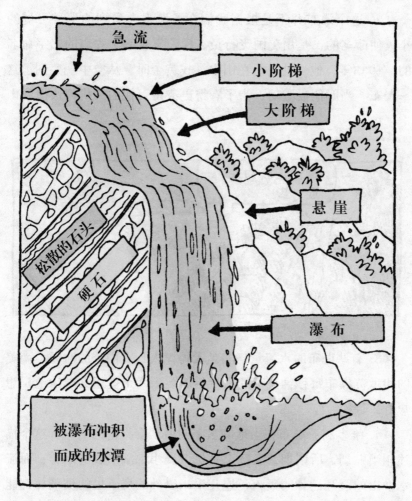

急流

小阶梯

大阶梯

悬崖

松散的石头

硬石

瀑布

被瀑布冲积
而成的水潭

10个令人垂涎的瀑布档案

1. 想象一栋10层高的楼，然后再想象把27个这样高的楼摞起来。这就是安琪瀑布落下的高度，它保持着世界瀑布的纪录——世界上最高的瀑布。朱伦河从委内瑞拉魔鬼山脉979米的高度降落下来——哗啦啦——这样的大瀑布因为没有被陆地阻挡，所以速度一直保持很快，很容易就冲下悬崖边缘，落入了下面的河谷或者峡谷中。

2. 这个瀑布并不是根据我们在圣诞卡上看到的那种可爱的小天使命名的，是用美国飞行员、探险家吉来·安琪的名字命名的。1935年，他驾驶飞机在山中寻找黄金时，从空中观察到了这一瀑布。当时他很激动，为了看得更清楚，他的飞机都快撞到山上了！

3. 有些瀑布的水流量确实是大得惊人！在雨季的时候，南美的伊瓜苏瀑布每秒钟流下的水量足够装满六个奥运会游泳池！想想看，每秒钟！

4. 维多利亚瀑布在当地的名字叫做"会打雷的烟"。这个描述相当贴切，所谓烟，实际上是亿万滴小水滴形成的水雾；而流水发出的震耳欲聋的轰鸣，连几千米以外的房子里的玻璃杯都能震碎。你可以在非洲的赞比西河找到这一瀑布，不过可别忘了戴上耳塞哦！

5. 和安琪瀑布相比，北美的尼亚加拉瀑布只有它的二十分之一那么高，简直就是小菜一碟。但是规模并不是最重要的。尼亚加拉瀑布是世界上最著名的瀑布，每个人都想在那里照相。实际上尼亚加拉瀑布分为两部分——加拿大境内的马蹄瀑布和美国境内的美国瀑布，它们由山羊岛分开。

6. 世界上的瀑布由于自身水流对岩石的侵蚀，都在不断地变短。著名的尼亚加拉瀑布也不例外。在过去的12 000年中，它的全长已经缩短了11千米。不过别慌，要想拜访这一著名瀑布还来得及！有的地理学家忧心忡忡地预测，按照这一速度，再过25 000年，它将退回到它的源头伊利湖，到那时尼亚加拉瀑布就消失了。多么遗憾啊！

7. 其实这不是瀑布第一次消失。在1969年，"美国瀑布"完全干涸了。但这次必须认真对待了。专家们担心瀑布永远消失，所以把岩石上的缺口补上。现在它又在尽情地流淌了。

8. 尼亚加拉瀑布吸引着数以百万计的游客。你可以在山羊岛上观赏瀑布，也可以坐船逆流而上，还可以乘坐电梯到隐藏在瀑布水流后面的大风山洞里去——不过要做好变成落汤鸡的准备！

我准备好了！

乘船旅行

9. 如果你觉得自己足够勇敢，有胆量尝试一下从瀑布顶上坐着木桶随水流一起落下吗？有一个美国教师安娜·爱迪生·泰勒就这样做过。那是在1901年10月24日，她把自己绑在一只大木桶里，随着水流从悬崖边一起落下。令人吃惊的是，除了一点擦伤和淤血之外，她竟然安然无恙。但是如果你想把你的老师这样放在木桶里的话——对不起，所有危险性的绝招都在1911年被明令禁止了。

10. 勇猛的泰勒小姐仅仅是无数勇敢者（也可以说是疯子）中的一个，还有许多人试图以更加离奇、更加精彩的方式跨越瀑布。

最疯狂的是一个名叫让·弗朗索瓦·格拉夫洛（1824—1897）的法国人，事实上他以高空杂技而闻名。想要听听他不怕死的冒险故事吗？我们找过了许多记录，终于翻出一本旧杂志《每日环球》，可以满足一下你们的好奇心。

每日环球

1859 年 8 月 20 日，尼亚加拉瀑布

在尼亚加拉上走钢丝

昨天，欢呼的人群聚集在尼亚加拉瀑布，来见证一项伟大的壮举。在成千上万紧张的观众面前，世界闻名的杂技演员布朗汀从悬空的绳索上横跨瀑布，而且背着他的经纪人哈里·科尔科特先生——科尔科特先生的体重是布朗汀的2倍。

后来科尔科特先生说："我死也不会再干

背人走钢丝

了！从头到尾，就是个

噩梦！这个爱显摆的布朗汀，至少有6次失去平衡！从现在起，我一定要让自己的双脚踏踏实实地站在地上！"他并不是唯一遭受折磨的人，有许多观众在观看的时候由于过度紧张，都晕过去了。

布朗汀已经不是第一次表演这样的冒险壮举了。今年早些时候，他就从空中绳索上跨越了一条宽50米的急流。那一次令人毛骨悚然的行走只用了不到20分钟，中间他还停下来喝了一两杯酒。他太喜欢这种冒险了，又来回重复了几次。

布朗汀走绳索跨越瀑布的表演进行了好几次，一次是蒙着眼睛，另一次还用独轮手推车

推着一名游客。

当被问到是否有过恐惧时，布朗汀回答道："没有。我5岁

推独轮手推车走钢丝

的时候，父亲就教会我走绳索了，从那时起，我就经常会有一些疯狂之举。这对我来说就像在香榭丽舍大道上漫步一样。"★

在这次跨越完成之后，我们的现场记者好不容易从被崇拜者团团围住的布朗汀口中问出几句话来。当问到他是否还会再做这样的表演时，"当然！"布朗汀回答道，"我一定会回来的。而且下一次，我希望能踩着高跷走过去。"是的，《每日环球》的所有成员都祝愿他好运！

★ 香榭丽舍大道是巴黎一条著名的街道。

走自己的路

布朗汀在尼亚加拉的经历为他赢得了名气和财富，尽管有的人还表示怀疑。那时的好多报纸（当然包括我们的《每日环球》）称他为"应该被逮捕的傻瓜"。但是布朗汀还是坚持到底了。他做得很不赖，这是他作为一个童星开始自己的职业生涯后的一个"小小奇迹"。但是这还不算完，他还要踩着高跷表演。总的算起来，他一共17次跨越瀑布，一次都没有掉下来过。中间有一次，他停下来一会儿，坐在绳索上，拿出一个小炉子，悠闲地为自己做了一个煎蛋！天啊！你知道他们怎么说？食物在外面尝起来总是比在家里香。

健康警告

　　孩子们，千万不要在家里尝试。如果你在起居室里胡闹，然后打碎了你妈妈珍贵的瓷器，她是不会把你叫成她的"小小奇迹"的，你只会成为她的"一整月无零花钱、无电视、无电脑游戏奇迹"，甚至更糟！而且，走悬空的绳索是很危险的，就算都按照布朗汀说的做也不行。

减轻负担

　　瀑布落下之后，水流的速度减慢了一点，又成为原来的急流了。只是现在它的力量不像从前那么大了。它的流速减慢了，没有足够的能量携带负载了。于是负载就在入海口处被卸下了。如果潮汐足够大，一些泥沙就会被冲进大海。但是另一些泥沙会形成新的陆地，河水就必须分支绕行，在入海口处就形成了许多条分支，而陆地就称为三角洲。现在可以用一些关于三角洲的深奥知识，考考你的老师了……

显然，她的学生知道的比她多！

　　三角洲的名字是由古希腊一位叫希罗多德的历史学家起的。他为了给自己的新书收集素材，花了很长时间在埃及游历。在这过程中，他发现了一件事情，即在尼罗河的入海口有许多三角形的、有点像大写希腊字母Δ的陆地，而且那里的土壤是有黏性的。可是你了解可恶的地理学家，他们总爱较真儿。后来，他们发现三角洲有三种不同的形状：

1. 弓形。这种三角洲的时髦拉丁名是arcuate，意思是拱起来或弯起来形成弓形。说得正式一些，尼罗河三角洲就是这种形状。但是按照当地的说法，古埃及人会说他们的三角洲就像一朵睡莲。多可爱啊！

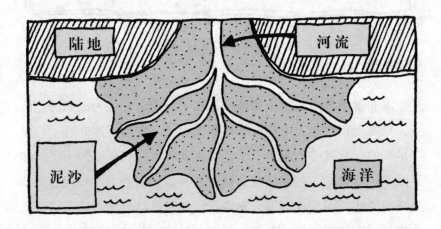

2. 尖形。它的时髦拉丁名是cuspate，意思是尖的。你知道神话中罗穆卢斯和瑞摩斯在罗马血战的故事吗？故事中的台伯河（罗马的所在地）就是穿过尖形三角洲入海的。

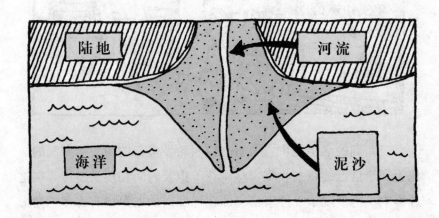

3. 鸟爪形。它没有拉丁名，但是你可以想象它的形状。这种三角洲有许多分支，就像是鸟爪的趾一样。密西西比河三角洲就是这种形状。

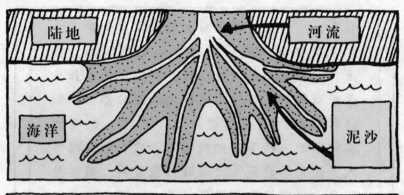

你能指出它们的不同吗？

有些三角洲非常大，大到令人难以置信。印度恒河三角洲真是巨大无比，几乎相当于英格兰和威尔士加起来那么大。另外，亚马孙河的一个三角洲几乎和瑞士一样大。有的三角洲还会长大。每年，密西西比河都会在它的三角洲地区沉积将近5亿吨的泥沙，使得三角洲越来越向海里推进。正如你们在河流之旅中看到的，这些地方的土地都非常肥沃，非常适合蔬菜和水果的生长。但是生活在三角洲的人们却要冒很大的危险，因为这里的陆地如此平坦、低洼，一旦洪水袭来，很容易就被淹没了。

不是所有的河流最后都注入海洋，有的河流流进湖泊。更特别的是，非洲的奥卡万戈河最后渗入了卡拉哈里沙漠的沙子里。听起来旱得厉害，对吗？可是到了雨季，当河水泛滥的时候，情

69

况就完全改变了。原来的沙漠三角洲就会到处布满雾气腾腾的沼泽和暗礁湖，岸边则满是芦苇。这个时候，这片地方就成为上千种河流动物生活的乐园，比如说鱼鹰啊，河马啊，鳄鱼啊等。

我在这儿！这里是世界上我最喜欢的地方之一，虽然河马有可能把你的小船掀翻，但是，这种野外的河流和这些野生动物不正是你想看的吗？在学校里你可没机会参加我们这种旅行。跟着我进入下一章吧！但是我要提醒你，接下来的旅行不适合心脏衰弱的人。如果你看见一只蜘蛛都会发抖，或者是瞄见一只老鼠就会跳到椅子上，那么你最好还是去干点别的事情，比如说，再做几页家庭作业什么的……

湿漉漉的野生生物

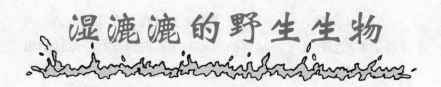

　　河流是观察野生生物最棒的地方。但是它们真的是野生生物生存的好地方吗？对于成百上千的水生植物和水生动物来说，在汹涌的河流中根本就不可能有风平浪静的生活。河流真的是需要冒风险才能生活的地方。当然，首先，这取决于你选择住在河流的哪一部分……

上游

　　河水冰冷，流速很快，而且没有什么可吃的东西。但是气泡里却有足够的氧气可供呼吸。

中游

　　河水流速变慢，所以一些水生植物就可以在河底扎根，小虫子们可以在植物中隐藏它们丑陋的嘴脸，直到被饥饿的鱼一口吞下去。

嗝！

下 游

河的流速更慢，更平缓，且河水比较温暖。在某些地方，河水慢到几乎都要停止了。这样的地方对于那些喜欢在静水池塘里生活的动物来说，真是再适合不过了。比如水生甲虫——它们会感觉就像在家里一样。

生物特写

你需要些什么东西，才能在学校里支撑无聊的一天呢？几罐饮料？几袋薯片？还是在两节地理课上不停地打盹？就像你一样，水生动物也需要一定的东西来生存（想想看，你也需要这些东西），它们是：

▶ 呼吸的氧气

▶ 吃的食物

▶ 从A处到B处的方法

▶ 藏身的安全地带（或者至少是一些可以附着的东西）

它们究竟是怎样适应的呢？许多生物都有自己的生活方式。有些生物的生活方式比另一些更加古怪，有的简直超乎你的想象。想了解更多吗？我们不妨试试这个令人反胃的小谜题。

死的还是活的？

在下页我们会看到一些生物和它们与众不同的生活方式。如果你认为它们是真的，你就选择"活的"；如果你认为是假的，就选择"死的"。认真思考！这可是生死攸关的问题呢！

1. 鱼可以在背上携带一个装满氧气的罐子。　　活的还是死的？

2. 玛塔龟可以在水下用通气管呼吸。　　　　　活的还是死的？

3. 喷水鱼用弓和箭来猎杀它的食物。　　　　　活的还是死的？

4. 能飞的石蚕幼虫用网捕捉食物。　　　　　　活的还是死的？

5. 一些鱼爱吃粪便。　　　　　　　　　　　　活的还是死的？

6. 一些蠕虫一生的大部分时间都把头插在沙地里。

　　　　　　　　　　　　　　　　　　　　　活的还是死的？

7. 鲶鱼借助嘴吸附在岩石上。　　　　　　　　活的还是死的？

8. 河乌是一种讨厌水的鸟。　　　　　　　　　活的还是死的？

答案

1. 死的。鱼可以呼吸溶解在水中的氧气，而没有什么装气的罐子供它们大口呼吸。但是它们不像你我一样用肺呼吸，取而代之的是它们用头侧面的裂开的鳃呼吸。你知道鱼是怎样用嘴产生有趣的泡泡吗？（快速地张开嘴，合上嘴，张开，合上……你会得到答案的。）这表明它们仍然在呼吸。当鱼游来游去时，它闭上鳃，张开嘴，吞一次水，然后再闭上嘴，张开鳃，把水从鳃里压出来，氧气就随着水进入鱼的血液。很简单！

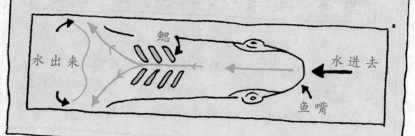

水出来　　　鳃　　　　　　　　　　　水进去

　　　　　　　　　　　　　　　　　鱼嘴

2. 活的。玛塔龟潜伏在河泥的底部。但是，和鱼不一样，它需要呼吸空气中的氧气。所以，它把长脖子伸出水面，这样，可以让它的鼻孔和嘴够着空气。这种方式还能让它吞食水中那些来不及逃走的游鱼。他们太狡猾了！

突出的
潜望镜

3. 死的。喷水鱼不能用弓和箭得到食物。但是它们却可以狡猾地用它们的鳍来耍些小把戏。它们用唾沫射下在空中飞行的昆虫和在水面上以蔬菜为食的昆虫。听我说，孩子们，在家里可别试呀！

4. 活的。能飞的石蚕幼虫或者臭虫们生存的地方没有多少食物可以找寻，并且水流很快。但对于丑陋的臭虫来说，这不是个问题。它们在两块小圆石间编一些极小的网，然后就等待着美味的小生物自投罗网成为美餐。

5. 活的。很遗憾，这是真的。事实上，许多令人讨厌的水生动物都吃其他动物的粪便。当干枯的叶子从伸出的树枝上落到河里的时候，一切就开始了。首先，叶子被能飞的石蚕幼虫和小龙虾们咬碎；然后它们的排泄物（这是粪便的文雅的说法）就成了那些肮脏的鱼儿们的至爱。

6. 活的。水丝蚓蠕虫一生都是把它们的头插进河底的泥里。怎么回事？其实它们是用嘴从泥沙中筛选食物，并且摇动尾巴来获取氧气。它们就是这样本末倒置！！是不是不可思议？

7. 活的。在一条流速很快的河里，能抓住恰当的时机牢牢吸附是很不容易的。许多动物的钩子或者吸盘就是用来在光滑的石头上附着的。但是附着的方式极为疯狂。它们用自己诱人的嘴唇献给岩石一个超级无敌恶心的吻，好让自己依靠在上面。

亲吻！

8. 死的。河乌是喜欢水的，而且越急越好。否则，它们就会饿死。这种潜水的鸟以幼虫为食。为了获得一顿晚餐，它们先是潜入深水，然后沿着河底走，并且要展开翅膀保持平衡，最后在河底的石头上啄取食物。它厚厚的油滑的羽毛可以保暖和防水。

这些都很好玩儿，我听到你这么说了，但是这听起来不是有一点太顺从了吗？我的意思是，如果你只是喜欢那种东西，那么吐唾沫的鱼和害羞的蠕虫就能满足你了。但是那都是小儿科。有什么更张扬、更有个性的吗？好，如果你确定要见识一下最潮湿、最野性的野生动物，就朝着令人敬畏的亚马孙河出发吧。但是，要小心！有些你遇到的动物会变得很危险。非常危险！尤其是当它们还饿着肚子的时候。仍然非去不可？那好，可不要说我没有提醒过你。

巨河档案

名　字：亚马孙河

地　点：南美

长　度：6400千米

源　头：秘鲁的安第斯山

流域面积：7 050 000平方千米

入 海 口：在巴西境内流入大西洋

其他信息：

▶ 地球上水量最丰富的、最长的河流。

▶ 至少有1000条已知的支流（并且可能还有更多等待去发现的）。

▶ 至少是1500种鱼的家园。那是欧洲所有河流的鱼类总数的十倍，而且比整个大西洋还要多。

▶ 沿岸有世界上最大的热带雨林。

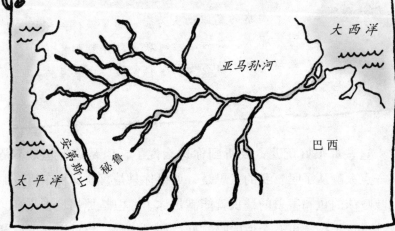

一些危险的亚马孙河动物

嘿！我是特拉维斯。很高兴在你出发之前赶上你了。如果你已经决心要进行这次鲁莽的冒险，我是绝对不会阻止你的。但是，至少让我给你指指路。我曾经帮助警察追捕到最危险的亚马孙河动物。这就是我私人收藏的关于最坏的犯人的秘密资料。记住！在它们吃掉你之前，先把它们吃透！

姓　名：电鳗

特征描述：刀子形状的鱼，2米长，特征就是非常尖。

已知罪行：毫不犹豫地袭击并且杀死鱼、蛙（还有人）。

捕猎方式：电击！电鳗是用电来杀死它的捕获物的。这种电击只能持续一秒钟，但是，电鳗却要花费一个小时来重新充电。

已知天敌：实际上没有。它甚至可以用电击的方法，让食肉动物上西天。

目击者说明：

我不记得我还受过比这个更致命的电击。在后来的日子里，我的膝部和各个关节一直受着剧痛的困扰。

——科学家，亚历山大·万哈姆伯特（1769 — 1859）

姓名：水蟒

特征描述： 世界上最大的蛇。这种卵生爬行动物可以长到10米长，腰围可以达到1米，想象一下，这可以环抱一个人，甚至它的鳞片比大拇指甲都大。

已知罪行： 可以杀死像鹿、山羊和凯门鳄（和鳄鱼的亲缘关系比较近）那样大的猎物。不要惊慌（尽量克制好吗）——人还不够美味，它不会尝试的。

捕猎方式： 突然给猎物致命的一击，然后将它卷起来，慢慢地勒死，最后把它们整个吞下去。嗷！

已知伪装办法： 埋伏在河堤旁等候猎物。它的眼睛和鼻孔可以完全隐藏在水中，然后采取突袭的办法。它同样擅长爬树，会伪装成干枯的树枝。

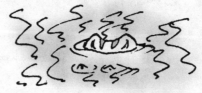

已知天敌： 在它们幼小的时候，它们很容易被凯门鳄和美洲豹吃掉。但是成年的水蟒是没有天敌的。单凭它们的个头儿（它们的体重可以达到250千克）就可以把袭击者吓跑。

注意： 如果你被水蟒咬了，不要立刻抽出你的胳膊。相反，你要把胳膊往里推一下——水蟒的牙齿是向里倾斜的。当狡猾的水蟒再次张口想更牢地咬住你的一瞬间，你就猛地抽出来。

姓 名：食人鱼

特征描述：相对较小，身体比较轻快的小鱼，大约36厘米长，是淡水里最有生命力的鱼。

已知罪行：袭击任何经过的东西——从个头儿很小的鱼到个头儿很大的马，甚至人也可能是攻击目标之一。

捕猎方式：用它剃刀般锋利的三角形的牙齿大块地撕咬它的猎物，有时甚至残忍地成群袭击。一大群食人鱼可以在几分钟之内将一头牛化为白骨。

已知天敌：人。当地的人抓食人鱼来吃。它们（我是说食人鱼，而不是人）的味道界于鸡肉和鱼肉之间。

你有足够的胆量捕捉食人鱼来试试身手吗？

你所需要的东西：

▶ 弓和箭。

▶ 一些从箭毒蛙皮肤得到的毒素。如果你想自己来的话，你就需要自己抓到一只箭毒蛙。小心不要用你的手直接碰它——用树叶裹着，当地人就是这么干的。然后，把它插在铁叉上，在火上烤，这样毒素就会自己挤出来。或者，如果你自己不想抓，你可以向当地的猎人（很友好）要一些毒素。只要一滴就够——这些足以杀死一只鲨鱼了。

▶ 一只防水效果很好的独木舟。

你所要做的：

1. 把箭头用蛙毒浸润。

2. 将船划到河流的中央。

3. 瞄准，然后放箭。

4.当你把鱼提上来的时候，一定注意你的手指。

小处方：做一顿美味的炸鱼条——将食人鱼在奶油面糊里蘸一下，并用小火烤。注意不要吃它们的牙齿。

注意：有些人说食人鱼虽有相当大的饭量，但不应该落得贪婪这种名声。他们声称实际上这些鱼相当友好，而且它们更喜欢水果和蔬菜。呸！我敢打赌，如果食人鱼建议来个水池边的烧烤，那些人一定是最先跑开的。

世界上第一个敢尝试烤好的食人鱼的是一位独眼的西班牙士兵——弗朗西斯科·德·欧瑞勒那（约1490—1546），他也是个探险家。实际上，第一个敢吃螃蟹的人都很棒！好好看看这个可怕的传说吧——看看自私的弗朗西斯科是怎么成为第一个沿着亚马孙河航行全程的欧洲人的，很偶然的是，他大部分时间都是饿着肚子的。

没有桨，沿着亚马孙河逆流而上

　　1540年，西班牙人曾经为了他们日思夜想的目标——黄金到过南美。对于河流和野生动物，他们都不感兴趣。丝毫不感兴趣！为了能迅速地发财，他们不在乎动用任何手段。这群西班牙人中有个贪婪的首领叫希萨洛·皮萨罗，而且碰巧的是，他是弗朗西斯科的表哥。经过一周的长途跋涉，他们没有发现一个金块，这时他们已经到了纳波河，累得筋疲力尽，饿得头昏眼花。他们消灭了所有带来的食物，还有随身带的马、猪以及用来狩猎的狗。他们已经很难再找到一丁点儿吃的了。没办法，皮萨罗就派弗朗西斯科和50个士兵一起去寻找新的供给。"不要太久，"他对他们喊道——他不得不大声点来盖过他肚子的咕咕的叫声，"我快饿死了！"你猜到了什么？他再也没见过他们。

　　弗朗西斯科并没有在困难时刻抛下他表哥的意思。当然了，至少是最开始没有。他真的是想多找些食物就往回赶的，这是实话，或者就像他说的。离开大队的人们在一艘旧船上颠簸了一个星期之后，就没有回去的力气了。谁说血浓于水呀？取而代之的，弗朗西斯科和他带的人继续前行，并且无意中发现了一条巨大的河流。这条河真是太大了，开始的时候他们还以为见到了大海呢！事实上，他们看见的就是亚马孙河。他们觉得只要沿着河一直走，最后肯定可以到达大西洋，然后他们就可以从那里再航行回到西班牙，回到家乡——他们美丽的家乡！

到达大西洋并不是一帆风顺的。首先，他们不知道湍急的亚马孙河到底有多长，他们只是觉得它不停地向前延伸，而且当地人总是不愿意见到他们。这也不奇怪——当孔武有力的弗朗西斯科想得到些供给的时候，他就会抓一个当地的村民帮他解决。当时有很多时间可以考虑给这条河起个名字。但是选哪一个好呢？最后，他的灵感来自于一群野蛮而又勇敢的女人——他声称这些人曾经用弓箭袭击过他们。正是这些人提醒他想起了希腊神话中勇猛的女战士——亚马孙人。这实在是很奇怪的，但是再没有人看见过她们，

也没有人知道他说的是对是错。不管怎样，长话短说，他们花了8个月的时间，走了4750千米路，最终到达了大西洋。

大无畏的弗朗西斯科在回到家乡以后怎么样了呢？他有没有因为伤害朋友而陷入重重危机？不，一点也没有。

他的冒险实在是太刺激了，连国王都没有再追究。事实上，弗朗西斯科被提拔了之后，再次被派往亚马孙河帮西班牙侵占那些土地。但是他根本没有成功。在经历了曝晒、狂风以及恐怖的

"亚马孙"子孙袭击后，他们终于到达了目的地，但是却在河口处翻了船，他也不幸溺水而亡。

那个可怜的老皮萨罗怎么样了（你还记得他吗）？唉，他在那里等他的表弟等了几个星期。最后他明白了，他们根本就不会再露面了。他和剩下的弟兄饿着肚子沿原来的路朝厄瓜多尔的首都基多前进。这一次，他们沦落到了不顾一切地吃蛇、昆虫，甚至是他们的皮带和马鞍套的地步，把这些东西加了香料在水里煮了，吃得津津有味。整个队伍出发的时候有350人，但是后来有的人饿死了，有的人病死了，还有很多人成了短鼻鳄鱼和美洲虎的美餐，最后回到基多的只有80个人。

震惊全球的事实

关于亚马孙河的一切都颇有传奇色彩。就拿睡莲来说吧，噢，千万不要想成你爸爸花园里的那个小东西。睡莲的叶子是非常大的，没错，非常大！甚至你的小妹妹可以很悠闲地躺在上面。不要担心她会沉下去——叶子内部空间很大，里面充满空气（有点像气球），这样就可以使叶子稳稳地浮在水上。（哦，你没有担心，抱歉！）叶子背面有尖利的刺，防止叶子被经过的鱼咬破而产生讨厌的小洞。

学习湿地园艺

如果你打算在你自己的河边搞点园艺，可是又不知道河边植物怎么选择，那就别再到处浪费时间了。我们擅长河边园艺的绿手指很乐意为你效劳。并且，如果你不能从睡莲的种子中间区分出你自己需要的种子，那么最好还是来问问特拉维斯的弗洛姑姑吧。

纸草

外形描述：高高的像草一样的植物，用途多得不可想象。古埃及人用它来做草纸、席子、草鞋和帆。它也是烧火的好材料。

生长地点：河边平坦的沼泽地。

这种植物的外形很可爱，并且，如果你不打理它，就会疯长。但是注意不要让土壤太干了。在埃及，它差点儿就灭绝了，就因为大量的尼罗河水都被排光了。

85

红 树

外形描述：一种巨大的常绿树。从树干上长出来许多缠结根，一些就插在泥土中，另一些则留在空气中形成气生根。

生长地点：一些热带河流的河口处。

你可能认为这些根是一种威胁。但是，实际上它们对防止水土流失是很有效的。它们同样也是人们寻找鱼和甲壳类时，一个很好的隐蔽地。

人物：看起来非常可爱，但是又着实让人讨厌。在你还没有注意的时候，它已经像野火一样蔓延开了。这些植物会塞满一条河，而且不管人们尝试什么办法，都没法消灭它。人们甚至把虫子放进去想吃光它，虫子虽然吃了很多，可吃的不抵长的多。

水葫芦

外形描述：一种水生羊齿植物，有很大的绿叶子和硕大的紫色的花朵。

生长地点：像厚厚的席子一样漂浮在河流和湖泊的表面上。

垂 柳

外形描述：普通大小的树，长长的枝条优雅地垂到水面。

生长地点：河岸。

我的最爱！在任何河边都能形成一道亮丽的风景。我总是这么想——保持土壤湿润，它会带给你无穷的快乐。不要担心叶子掉到水里的问题，它们很快会腐烂掉，并且它们柔软的特性又可以使它们被许多水生动物吃掉。

　　但是饥饿的食人鱼、吓人的电鳗、巨大的水葫芦都是河流附近常见的几种奇异的野生生物。此外，还有一些更奇怪的东西潜伏在水草里。那是什么？恐怖的人类，毫无疑问！下一章讲的就是他们的事。

巨河边的生存之道

　　尽管很危险，恐怖的人类还是在河流边住了几千年了。还记得傍河而立的古罗马吗？不仅仅是它自己，世界上一些最老的小镇、城市，甚至整个文明社会都是沿着澎湃的河流建立起来的。不管是从前，还是现在，巨河对于人类来说都是非常重要的，重要到善于观测时间的古埃及人靠它来制定历法。

用它来设定日期

　　古埃及人通常是通过星象来制定历法的。一个星星，一个用途。当天狼星出现的时候是六月，一年开始了。好，就照你说的，可能他们是当时最厉害的天文学家，但是这和河流又有什么关系呢？天狼星的出现也标志着每年尼罗河洪水的开始。春雨季节，瓢泼大雨和埃塞俄比亚的雪山融水形成巨大的水流，注入尼罗河。到了六月，水流到了埃及。当河水退下去的时候，出现的就是让人欣喜的、厚厚的、松软的泥土，古埃及的园艺能手在上面种植了茂盛的庄稼。

但是，河流不仅仅能帮你记住邀请朋友参加圣诞前夜的聚会。尼罗河对于古埃及人是非常重要的。古埃及人大部分时间都是在干旱的、沙尘弥漫的沙漠里待着，正所谓巧妇难为无米之炊啊。离了尼罗河的复苏，他们就没有吃的，没有喝的，没有办法

串亲戚，就算有办法也没有亲戚，同样也没有恐怖的埃及历史要学了……

想知道这条非凡的河流给埃及人带来了什么？那就试着让时

光倒流一下。想象你是一个埃及农民，为了更入戏，你不妨叫自己哈比（男孩名字）或者阿努丝（女孩名字）。

下面就是一年里你生活的样子。

1. 六月至十月：洪水时期

　　这时巨河成了洪水猛兽，你的田地也被洪水淹没了。你可以从富有的地主那里租用一块土地，当然了，地主会剥削你的。还好，他们就住在尼罗河边上，那可是最好的地方。太靠近内陆，洪水就到不了。但是这时候是不能耕种的。那就意味着有时间来休息？别做梦了，政府会派像你一样的普通老百姓去给国王修建金字塔和陵墓。

希望我能及时赶回去播种。

2. 十月至来年三月：播种时期

　　你已经从修建地点赶回来了，洪水也退了。趁你不注意的时候，洪水已经悄悄退到土壤下，你可以用牛拉木犁来耕地了。当然如果你很穷，你就得自己拉犁。然后你就可以在肥沃的河流土壤上撒种，无休止地除草和浇水。这可是非常辛劳的工作。

我真希望他马上回到建筑工地上去。

3. 三月至六月：收获时期，当然是在洪水期来临之前

现在是磨快镰刀（一种由燧石制成的长刀）准备收割的时候了。收税员会很快帮你计算出你必须缴给地主多少，缴给国王多少，最后自己留下多少。如果你付不起，你就会挨打。接下来在你准备好好休息之前，不要忘了修好水渠，它可以帮你把河水引到田里。否则，你就等着用又干旱又高价的土地吧。

考考老师

随口说出这个连续逃两节地理课的借口，准能把你们老师气得半死：

对不起，老师。我去检测了一下我的尼罗河水位测量标尺。

你究竟想要做什么呢？

我不知道你要怎样做。古埃及人通过检测河边石头上的标记来得出去年洪水的高度。如果洪水涨得太高了，那么你的家园可能会被洪水冲走；如果太低，那么你也同样有可能和你的庄稼说拜拜了。

令人敬畏的阿斯旺大坝修好以后，河水受到控制，尼罗河就不再泛滥了。好的一面就是埃及人不用再忍受疯狂的毁灭性的洪水了。坏的一面就是，没有了洪水，也就没有了肥沃的黑土。

这样，农民就必须去购买化肥给贫瘠的土壤注入活力。这些化肥不光贵，而且会污染河水，真是划不来！

河边生活——水的吸引力

尽管有了很大的变化，仍然有5000万人是靠尼罗河来生存的。并且，不止是他们这样，全世界有数以百万的人靠这些救命的河流生活。那么究竟为什么他们会这样呢？为什么在河边生活的人数也在暴涨呢？河流能提供在旱地里得不到的哪些便利呢？一些人就这个话题展开讨论。另外一些人又对河流休眠争论不休。但是人们住在河边的真正原因是——大河中的水。

震惊全球的事实

　　所有生物的体内大部分都是由水组成的，也包括恐怖的人类。你和莴苣一样湿吗？不完全是。一片莴苣的叶子95%是水，马铃薯的叶子80%是水，你就是第三了，70%是水，那意味着你的三分之二是水。可能是哪三分之二呢？

棒极了的水

　　你一天要消耗多少水呢？没有时间让你深思熟虑。嗯——做好准备吓一大跳吧！答案就是庞大的150升。这个量相当于两大盆洗澡水或者是600听饮料。

我觉得我应该节约用水。

　　下面就是一些你用这个可怕的H_2O可以做的事情：

▶ **饮用**

　　水对于生命是绝对重要的。没有它，几天内你就渴死了。但是你知道吗，大部分的饮用水都是来源于河流的。如果你想要一杯解渴的水，很简单，扭一下水龙头。但是究竟水是怎么样从水源到水龙头里的呢？下面就介绍一下流程：

　　1. 在河流上面建一个大坝。

　　2. 形成一个大湖叫作水库。

　　3. 水就从这里经过管道流进自来水厂，净化后供人们安全地饮用。

　　4. 首先，水流过一层滤网，滤掉树枝、树叶和大的杂物。

　　5. 然后，水浸润在一层细沙里，这样可以过滤掉脏的东西。

　　6. 加进去氯气，除掉细菌。

　　7. 最后，干净的水就被通到地下管道里，再通过小一些的管道流进你的家里。

污水警告

　　你是很多幸运儿中的一个。在世界上很多贫困地区，很多人喝水都是直接从河里取的。而且由于厕所和垃圾的双重污染，河水会变得很脏，充满了让人类头疼的微生物。它们会传播很多致命的疾病，比如霍乱和痢疾，还可能引起严重的腹泻。更糟糕的是，人们每天不得不走很远很远的路去取这些脏水。下次扭水龙头的时候，仔细想想这些。记住节约用水哦！

▶ ## 洗东西

　　为了保持清洁，每天我们要用掉成百上千升河水。每次洗澡可能要用掉80升的水，冲一次厕所大概是10升，洗衣机每桶水则可能有100升。

我想，你大概需要80升的水。

但是，我们还是成桶成桶地浪费水，每一天都这样。必须挽救这珍贵的资源，把它用到最需要的地方。我们要节约每一滴水。

a) 淋浴代替盆浴。这样可以节省50升水。（当然了，两个人一起洗比你自己洗要更加省水。）

b) 如果不用冲水，最好不要一直开着水龙头，比如刷牙的时候（不要忘了一天刷两次）。

c) 放半块砖在厕所的水槽里（准许了才行），这样你每次冲掉脏物的时候会节省三分之一的水（不要担心，这样还是可以冲干净的）。

▶ 灌溉田地

农业真是个大量消耗水的行业。种出1千克的稻米需要35浴盆的水。可想而知，你们食堂做一顿饭将需要用去多少水啊！世界上一些肥沃的土地都位于三角洲地带，因为那里有良好的水源，比如越南湄公河三角洲。它像一个巨大的稻米生产基地，全国一半的稻米都是那里产的。有时，水也需要通过一定的方法才会流到田里。人们用水渠甚至是计算机控制水的运输，然后用泵抽上来，灌到田里。这个过程有一个好听的名字，叫"灌溉"。

古埃及人对灌溉了如指掌。他们用一种叫作桔槔的精巧装置使田地不干旱。这种装置很简单，但是却凝聚了非凡的智慧。事实上，直到今天它仍然很有利用价值。你可以用你灵巧的手指，来做一个你自己的桔槔吗？

你所需要的东西：

▶ 三根1.5米长的结实的藤条。

▶ 一根1.75米长的结实的藤条。

▶ 一些绳索或者结实的细绳。

▶ 一袋沙子。（注意：怎样确定袋子是多大的呢？把桶装满水，这和袋子里装满沙子后一样重。）

▶ 一个强壮的成人来帮你。

你所需要做的：

1. 把三根藤条捆到一起，搭成帐篷的样子。

2. 把它牢牢地立在地上。

3. 将长棍子的中部捆在"帐篷"的顶部，这根长的藤条就成了杠杆。

4. 把桶系在一端。

5. 把你的那袋沙子系在另一端，并且让它压下来。

工作原理：

农民用桔槔把水从河里运到田里。首先，他们把负重的一端提升起来，从而使桶降低进入水里。然后再把负重的一端降下来，装满水的桶就升上去了。很简单！这样一个农民自己就可以提起数以千计桶水，而且是在一天之内。比起手工提水真是又快又方便，再也不用弯腰了。如果你想用桔槔在你爸爸得奖赢来的蔬菜地上演练一下，最好先经过你爸爸的同意哦！

▶ **食物的来源**

每天必需！

它含有很多蛋白质和维生素，

低脂肪，而且很美味！

加了扁豆和油炸土豆片   之后就更加美味。

听起来不真实？那么就来看看这些不真实的事实吧。

1. 抛开那些装有现代化生活设备的高科技渔船吧，也抛开那些钓鱼竿、钓鱼钩、钓鱼线什么的，试着在亚马孙河里钓鱼。在那儿，渔民只是不停地用一捆藤条抽打水，直到藤条里有毒汁渗出来，这样就能把鱼杀死。鱼漂在水面上，他们再用勺子把鱼舀到篮子里或者网里。多么巧妙的办法呀！

2. 你需要一个一艘小船大小的篮子来装巨滑舌鱼。它是最大的淡水鱼，生活在亚马孙河流域，重达200千克，比你重四倍还多。人们一般把它晒干了或者腌制食用，味道有点儿像鳕鱼。

3. 如果你不能到达河流，不妨往家里引一条河吧。湄公河三角洲的一些农民在起居室的地板下养了鲶鱼——他们的房子凌空建在河上。每天，他们就打开地板上的活门，喂饱鲶鱼，当鲶鱼足够肥时就拿到市场上去卖。（孩子们，不要在家里效仿，在家里养点金鱼就行了。）

▶ 照 明

下次你扭亮电灯的时候，仔细想想电是从哪里来的。答案呢，你可能已经猜到了，是河流。我们用电的五分之一都来自汹涌的河流，既简单，又无污染，而且永远不会枯竭。为了得到这些电，需要一条澎湃的大河和大坝。当河水流经大坝的时候，就会推动涡轮机的大叶片，从而推动轴转动，而轴会驱动发电机发电。

明白了？用技术语言讲就是水力发电。如果河流的落差很大，那就最好了，所以尼亚加拉大瀑布绝对是顶呱呱的水力发电站！

▶ 开工厂

制造一辆汽车需要多少水？来，试着猜猜，没有和你开玩笑。答案就是50浴盆的水。这就是钢铁厂炼成制造一辆汽车用的钢所需的水量。工厂需要极大量的水将原材料制成我们能用的商品。这些水用于加工原材料的过程中，也就是清洗、混合以及冷却原材料。这就是为什么许多工厂都建在河流边上，因为工厂需要很多水。就拿水量丰富的莱茵河来说吧——

巨河档案

姓　名：莱茵河

地　点：欧洲中部

长　度：1390千米

源　头：瑞士阿尔卑斯山脉上的两条小溪

流域面积：220 000平方千米

入 海 口：荷兰鹿特丹附近的北海

其他信息：

▶ 由于它恰好穿过欧洲中部，经过很多主要的工业国家，所以它是世界上最繁忙的河流。每天熙熙攘攘地来往着一些运载钢、铁矿石、煤、木材、石油以及其他大宗货物的船只。

▶ 鹿特丹是世界上最繁忙的海港。每年都有大约3亿吨的货物在这里进出，有大约3万只船舶在这里停靠。

▶ 鲁尔河是莱茵河的一个支流。两岸有成百上千家制造化学制品、铁、钢和计算机的工厂。

污水警告

到1970年为止，工厂和农场已经倾倒了太多的垃圾在莱茵河里，以至于腐臭的河水已经宣告河流死亡。大规模的治理工作已经开始。但是，在1986年，情况变得更加糟糕。瑞典的一家化学制品工厂着火了，泄漏了30吨有毒物质在莱茵河里。这种致命的"鸡尾酒"使河水变红了，而且毒死了50万尾鱼。多么恐怖！河流的一部分被封锁，全线的治理工作不得不全面展开。

在河流上尽情玩耍

你还想在奔腾的河流上做点什么呢？尽情玩耍，这是当然。（小心，河流还是很危险的地方。）如果你已经对漂流期盼已久，不妨来"挑战者村庄"每年一次的运动日看看吧！

村庄布告栏

挑战者村庄最骄傲的时刻来了……

每年一次的河流运动会！

快来参加！尽情耍一回！

我们欢迎所有的人

——不论你参加什么水上项目！

所有的胜利者都可以赢取一笔惊人的奖金！

翻到下一页来选一个项目吧！

震惊全球的事实

假如你居住在18世纪的英国，你就有可能在泰晤士河上享受疯狂的一天。在那些日子里，冬天是非常冷的，河水完全结冰。冰很厚，甚至可以让一头大象在上面来回走（如果周围有大象的话）。如果你还没有被冻死，那么你就可以带上小玩意儿、木偶、滑冰用具以及射箭用具，去参加在河上举办的游艺会。在1683—1684年，甚至还有追捕狐狸的活动。在你回家的时候，还会得到一样证明你访问过那里的纪念品。

让人扫兴的是，现在已没有这些活动了。因为伦敦城市扩建了，释放出更多的热量；许多工厂每天也在散发大量的热。这都导致了河水不能冻结。

你敢驾驭急流吗?

现在是你期待的最好的时机，为什么不试试你在急流中漂流的运气呢？怕了吗？你肯定会。急流漂流意味着像飞似的驶过障碍物，而且你是在橡皮筏中！重新考虑过了？让特拉维斯告诉你该怎么做，好吗？

你所需要的东西：

▶ 一条湍急的河

▶ 一只橡皮筏

▶ 救生衣

▶ 一件雨衣和一个头盔

▶ 5个和你一样的受害者（抱歉，是志愿者）

你所要做的：

1. 在河岸边把橡皮筏充足气。

2. 进入橡皮筏。每三个人坐一边，都要靠边。特拉维斯坐在后面，他负责掌舵和喊号子。

3. 把船桨轻轻地放入河里，然后奋力向前划。尽力保持动作一致，掌握好前进的节奏。

4. 前面是急流！你要朝着那些石块最少的地点划，以免把橡皮筏扎破。如果激流正对着船头，特拉维斯会告诉你一直向前划。如果船在激流的左边，把橡皮筏向右划转；如果船在激流的右边，把橡皮筏向左划转。（注意：如果要刹车，大家都向后划！）

5. 在撞上急流之前，迅速地跳到橡皮筏的底部，这样你就不会在颠起来时被抛到河里。准备挨浇吧！变成个彻头彻尾的落汤鸡！

6. 当你划到了河对岸（希望是这样），把橡皮筏靠到河岸上，就可以出来了。或者你很有勇气，感觉不错，那就留在船里准备接受下一次的冲浪吧！

一些有用的小主意和小点子：

特拉维斯认为他是个急流漂流经验丰富的人，让我们看看他是怎么做的——请不要笑。

▶ 仔细选择适合你的急流。它们的难度系数通常是1—6个级别。第六级被称为是"接近于不可能，超级危险，专门为内行设计"，当然内行是很狂热的。

可以从二级开始，这样会安全一点。

或者，从三级开始。

▶ 最好是参加一个团队，并且带上一个内行。如果你遇险，他们会帮你脱险的。当然首先是他们没有遇险。

▶ 如果你真的掉到河里了，尽力游到急流的底部，那儿的水较平缓。然后再游到岸边。无论你用什么样的方法，一定要抓住桨。否则，你就在急流中慢慢漂着吧。

　　如果急流漂流不适合你，你也不要担心。你在一个很棒的团队里，有时甚至是内行也能从中学会很多没遇到过的东西。没准儿你更喜欢待在岸上，悠闲地阅读有关能漂到下游而又不被弄湿的方法指南呢，或许你还能遇到一些在水上漂流的人呢！

巨河流浪记

几个世纪以来，人们要从一个地方去另一个地方，一定会选择坐船从水上走，而不去考虑那些令人厌烦的汽车、火车和飞机。如果你想去另外一个城镇探望亲戚，那么，坐船走水路将是你最快也是最好的选择。在今天，水路仍然被作为客运和货运的重要通道，但是在世界上的很多地方，汽车、火车和飞机已经确确实实地取代了船舶。

可是，河流是奔腾不息的。时常有一些勇敢的探险者毅然决然地沿着河流上路，虽然他们并不知道河流会流向世界的哪一个角落。有时候，他们根本不知道到河流的下一个弯道该怎么走，也许就随遇而安，在那里安家落户了。事实上，有的时候，不知道也挺好。那么，既然这条路这么艰辛，为什么这些探险家还要选择这样做呢？有时候，他们的确是为了获取酬劳，但是，更多的时候，他们只是单纯地为了经历冒险。

尼日尔的旅行

在18世纪，伦敦的一些出色的地理学家组建了一个协会，专门研究非洲的河流。

但是，他们不仅仅是只想在地理学上有一些发现，他们还想

我提议大家去探险……就这里！

通过研究找到一条通往非洲的贸易通道，希望能赚取更多的钱。因此，他们迫切地需要一个人去尼日尔河进行探索（因为他们从前派去的人不是死了就是失踪了）。于是，在1795年，他们找到了一个非常出色的志愿者，一个热心的、年轻的苏格兰医生，他的名字叫蒙果·派克（1771—1806）。他的任务是从尼日尔河的源头出发，沿着河流一直走到它的入海口。可是，要完成这个任务，他首先必须要找到这条河的所在地。说起来容易，做起来就比较难了。在后面的文章中，让我们来看看蒙果在给他老板亨利·波弗埃的信中，是怎么样描述他的行程的。

巨河档案

姓　　名：尼日尔河

所 在 地：非洲西部

长　　度：4200千米

源　　头：几内亚境内富塔—贾隆高原区的一个很深的大峡谷

流域面积：2 100 000平方千米

入 海 口：流入尼日利亚的几内亚海湾

其他信息：

▶ 尼日尔河是非洲第三长河，其长度仅次于尼罗河和刚果河。

▶ 已探明尼日尔河三角洲石油和天然气的储量丰富。

▶ 尼日尔河这个名字据说来自于非洲的一个词语 " 'n' ger－n－gereo"，意思是伟大的河流。

尼日尔河的噩梦

非洲的一个小村庄 1796年3月30日

亲爱的波弗埃先生：

首先非常感谢您的来信与报酬，我很开心。一天15先令的报酬真的是十分慷慨。我想，对于这个任务，我一定会取得最终的胜利（但是这个胜利还需要不少的时间才能够实现）。

我真的不知道该如何告诉你关于我的工作进展。从英国出发后，整个旅途十分开心舒适，我乘坐的船很宽敞，天气又晴朗，这样的生活持续了30天，当我看到了冈比亚河的时候，我已经到达了非洲。按照计划，我会骑着马继续我的行程（我必须要告诉您，长时间的骑马让我腰酸腿疼）。

这些天来，我骑着马穿过广阔的草原，这让我更加怀念我最爱的苏格兰山脉。天气也是那么糟糕，白天我热得汗流浃背，而到了晚上，却感到刺骨的寒冷。并且，雨没完没了地下，我几乎总是像只落汤鸡，因为我的雨伞被当地的一个首长看中，于是我被迫将雨伞当作礼物献给首长（没有人可以对他说"不"）。我真的希望我之前经历的这些挑战能帮助我尽快达到最终的目的。可是，到了圣诞节那天，更糟糕的事情来了……

　　一群穷凶极恶的强盗袭击了我们，他们抢走了我们所有的东西，甚至连我马甲上的纽扣都不放过。更让我气愤的是，这一切暴行都发生在光天化日之下。并且，为了掩盖他们的罪行，我竟然被当作间谍拘捕了。天啊！在我一生中，我从来没有去侦察过任何一个人！我试图为我自己辩解（你知道的，我一向为我的口才感到自豪）。但是，我的结局仍然是被送进了当地的监狱。

　　当然，我企图想绊倒看守而逃走，但是，我失败了。那时候，我真的很窘迫，只剩下身上穿着的衣服了。要不是一个慈祥的老太太给了我一点儿食物——我知道那点儿食物对她来说也不过是刚能果腹——我都不知道自己会有什么可怕的下场。（所以，您给予的报酬真的是非常及时。）幸运的是，那些强盗没有拿走我那些珍贵的资料，因为我一直把它们藏在帽子里，没有被发现。还有，告诉你一件事情，一定会让你很高兴的，我已经记录了大量的关于当地风俗的笔记（其中有一篇就是关于我在监狱中的生活），我盼望着回去拿给你看——当然，如果我能顺利回去的话……到那时候，我将会继续追求我的梦想。

您忠实的朋友

蒙果·派克

马里的赛戈，尼日尔 1796年7月20日

亲爱的波弗埃先生：

　　我们找到了！我们终于找到了！尼日尔河是流向东边的，而不是像我们从前想的那样流向西边。当我看到尼日尔河在清晨的阳光下闪着迷人的波光，就好像看到了威斯敏斯特古老的泰晤士河。你知道吗，那一刻我是多么的开心……实在是太棒了！我实在是太兴奋了！先写到这儿吧！

　　　蒙果·派克

　　附：不好意思，我真是有一点儿失控！我想我真的有点儿语无伦次、忘乎所以。我保证不会有下次了！

尼日尔 1796年7月30日

亲爱的波弗埃先生：

　　我想说的是，我不能坚持下去了。我真的又冷又累，身无分文，而且我那可怜的老马也快支持不住了！

　　我尽力了，我真的很尽力了！但是，我受够了！你知道吗？我连租一条小船的钱都没有，我又一次遭到了抢劫，所有的财产都没有了。所以，现在的我生不如死。我骑着马从河流的上游出发，希望能找见河流的入海口。但是，10天过去了，我们根本就看不见河的尽头。于是，我向当地的一个小伙子打听，看他是否知道这条河到底流向哪里。可是，他的答案令人沮丧极了："这条河的尽头大概就是地球的尽头了。"天呀！或许他说的话是真的！

　　　　　　　　　　　您沮丧的朋友

　　　　　　　　　　　蒙果·派克

在经历了极度的劳累、贫穷，以及后来深深的失望后，蒙果·派克终于回家了。但是，监狱中的那段可怕的生活还一直像噩梦一样缠着他。不过，情况很快就好转了。他写了一本关于他的这次尼日尔旅行的书，书很畅销，于是，蒙果·派克迅速成为了家喻户晓的人物。（你能忘记有个人叫做蒙果·派克吗？）蒙果·派克回到家乡后，遇见了一位可爱的姑娘爱丽，他们结了婚，并定居在苏格兰，过着快乐的生活。事实上，这样开心的生活并没有持续多久，毕竟，在非洲的那段生活总是浮现在眼前。于是，当他得知还有机会可以再去尼日尔的时候，他毫不犹豫地离开了家，再次踏上了那片土地。当然，他没有忘记抽时间给妻子写信。

非洲西部 *1805年6月13日*

我亲爱的爱丽：

　　我已经走完了一半的路程，我是多么想告诉你一切都很顺利，可是，这真是在自欺欺人。你知道吗？一切都糟糕透了，竟然到最后一刻才发现忘了带东西。天呀，不停地有突发情况在耽搁我们的行程，先是本来说好要陪同我们的军人没有出现（等他们终于出现了，可是我却受不了他们粗暴的脾气），后来我们所带的供给品又丢了。

　　但不管怎样，我们总算是出发了。亲爱的，我知道你现在的想法。雨季就要来了，我必须不顾一切地离开这个地方。我别无选择。如果我再耽搁的话，那么我想我将永远也走不了了。我们越快到达目的地，我就会越快回到家中，回到你身边。

　　疯狂地想念你！不要替我担心，我一切安好！

　　　　　　　　　　　　　　　　　　　　深爱你的蒙果

桑桑丁大坝　尼日尔 1805年11月17日

我亲爱的爱丽:

　　我们终于在8月19日到达了尼日尔。我很抱歉没有在到达的当天就给你写信,因为有其他的事情耽误了。我必须要告诉你实话,情况越来越糟糕了。

　　持续的雨天让我们的行程艰难而缓慢(我知道,这个情况你早已预料到),我想很少有人能忍受这样的旅途。我敢保证,任何一个稍微有点理智的人都会选择放弃,然后立刻回家。但是,亲爱的,你是了解我的,一旦我决定要做某件事情,我就一定会将它做到底,无论结果如何。当然,你可以埋怨我是一个脑筋顽固的傻瓜。

　　由于当地的首长答应资助我们几条船,我们的情况开始有点好转。但是,这些船都是一些腐朽的木头搭成的,并且上面布满了洞。

　　我用那些看起来还比较好的木头,重新修成了一条船。虽然有一点点漏水,但是总算可以将就。现在我们已经向着河的下游出发了。你看,我们胜利在望了。

　　亲爱的,我让一个专门送快件的邮差来送这封信,我想这样会快很多。但是我知道,光是快信是没有用的,我应该在信到达之前就回到家中,回到你身边。

　　多么希望你就在我身边,或者是我回到家中伴你左右!

*　　　　　　　　　　　　　　　　深爱你的蒙果*

一个悲剧的结尾

如果你想看一个喜剧结尾，那么我劝你还是跳过这一章吧！刚才那封信是蒙果给他妻子的最后一封信，之后，她就再也没有收到过他的信。后来，就只得到了蒙果在当地的一个向导的消息。至于蒙果，他在最初的2400千米航程中，一直在和蹩脚的船只以及那些恼人的河马斗争。又航行了960千米，蒙果终于到达了河流的入海口，也就是他的目的地。可是，就在这个时候，事情不妙了，蒙果被埋伏在周围的当地人袭击了。为了不被杀死，蒙果跳入河中，被水流冲走了。

那蒙果到底是不是已经被淹死了呢？大多数人认为是的。可是并不是每一个人都抱有这样的看法。多年后，在英国听到了这样的说法，有一个身材很高、红头发并且说英语的男人生活在尼日尔河边……

至于那个当初让可怜的蒙果陷入这样的困境的非洲研究组织，现在已经被英国政府接管了。但这并没有阻碍他们行事。现在，他们派了更多的探险者沿着蒙果的足迹，继续探查。1830年，克拉珀顿兄弟俩向尼日尔出发了。对于他们，人们都持有怀疑的态度，因为他们的穿着实在是太奇怪了：鲜红的束腰外衣，肥大的麻袋状的裤子，还有好像雨伞那么大的草帽。但是，克拉珀顿兄弟却取得了最终的胜利。他们终于找到了尼日尔河的入海口，从而准确地找到了尼日尔河在地图上的位置（尽管他们只得到了100英镑的报酬）。

> **健康警告**
>
> 　　不要再去想那些不友善的当地人和那些恼人的河马，这些都不是最可怕的。最让探险者头疼的就是那些致命的河流地区易发病。这里举三个比较典型的例子：如果你有洁癖（或者你正有去河上划船的打算）的话，我想你最好还是不要看下去了！

河流地区易发病

1. 疟疾

　　症　状：高烧不退，剧烈的头疼，不停地出汗，最终导致死亡，尤其在炎热而多沼泽的地方多发。

　　病　因：带有疟疾病原体的蚊子喜欢在缓慢流动的河流和池塘上产卵。当它们准备要产卵的时候，它们会在水面附近盘旋。如果它们这时候感到饥饿，就会吸食人们的血液，并将寄生虫注入到你的血管内。这种寄生虫是一种嗜血生物，它主要依靠其他生物而生存。真恶心！

治疗方法：很多据说有效的药物基本上都是骗人的。当然，如果你根本就没有被蚊子叮到，或许这些药物可以起点儿作用。其实你可以将防蚊水涂在身上，或者睡在蚊帐中。另外，还有一种古老的方法，据说是将泥浆涂在脸上。要真是这样的话，带着满脸的泥浆，我想人是无法进行思考的。

2. 河流地区失明症

症状：皮肤瘙痒，视力急剧下降，最坏的结果将会导致失明。

病因：主要是在热带河流繁殖生活的墨蚊引起的。它们叮咬人后，它们的幼虫就通过唾液传播到被叮咬的伤口上。这些

幼虫进入人体内后，生长成为蠕虫，之后繁殖生长，最终生成上百万个蠕虫。这些蠕虫在人体内四处游走，而在眼睛中死了的蠕虫就会导致失明。真可怕！

治疗方法：坚持一年的口服药，可以预防这种失明。另外，在一些水流湍急、水花四溅的地方，不容易得这样的病。

3. 血吸虫病

症　状：皮肤瘙痒或出现皮疹，高烧不退，浑身发冷，周身疼痛以致死亡。人的肝脏、肠、肾脏和膀胱迅速遭到袭击，情况很糟糕。

病　因：主要是一种小的蠕虫的幼虫引起的。这些幼虫生活

在热带河流的蜗牛中，通过蜗牛来袭击人。如果你刚好在河里，这些幼虫就可以穿过你的皮肤进入到你的血液，然后在血液中产卵。

治疗方法：一般针剂注射和一些药物都可以治疗。

你想成为一个河流探险家吗？你想追随蒙果·派克的足迹而成为一个河流探险家吗？想象一下这个场景：你已经走了很久，你非常累，并且脚又受了伤，好像有上百万只蚊子在不停地吸食你的血液，你非常非常想回到舒适的家。你终于找到了那条你回家的路，但是猜猜怎么了？原来这条路在湍急的河流的对岸！

这时候，你究竟该怎样过河呢？看看以下的这些方法，你会采用哪一个，然后在第122—126页找答案。

1. 坐船过河。我们的问题是，你会选择什么样的船？从以下这些图中选一种。

A 独木舟

B 小帆船

C 平底帆船

D 汽船

E 渡轮

119

如果你想坐船过河，那么一定要提防沙洲。沙洲是由于长时间水流的冲积而在河床上形成的大的沙丘。沙洲很危险，它们很难被发现，并且在没有任何征兆的情况下突然移动，等你发现的时候，可能你的船已经搁浅或者沉没了。所以，你最好找一个领航员陪着你（一定要是航行方面的专家），他对这条河流应该了如指掌。

2. 搭建一座桥过河。人类建桥过河已经有几千年的历史了。但是应该搭建什么样的桥呢？用下面哪一种材料来建桥是不可能的？

a) 原木。

b) 绳索。

c) 石头。

d) 人的脑袋。

3. 挖一条水下隧道过河。用铲子去挖一条隧道，听起来好像是很愚蠢的行为，其实不然。在英国的泰晤士河下就有很多水底隧道。第一条是在1842年由英国工程师马斯·布鲁内尔设计建造的。这是历史上第一条水底隧道，现在地铁从这里通过。

4. 游泳过河。如果你游泳很出色，那么可以来一个深呼吸，然后扎进水中游过去。但是，如果你只会一些狗刨式的游泳技术，那么，你最好还是寻求一些帮助。比如，找一根漂浮的原木来支撑，或者可以像古亚述人那样，抱住一个吹鼓起来的猪的膀胱。还有，记住，在你跳下水之前，一定要擦好防虫药水。

5. 撑杆跳过河。如果其他方法都失败了，而你还是一定要过河的话，那么，你就准备助跑，跳过去。

答案

　　1. 其实，选择怎样的船要看你过什么样的河流。对于那些水流很快的河，独木舟就是最好的选择。它们轻巧，结实，很容易被驾驶。但是，当你坐独木舟的时候，一定要小心那些激流。往往，你还没有注意到的时候，就已经被突如其来的激流冲走了。但是，要过河的话，仅仅是靠船桨和水流是很难的。对于那些船只比较多的河流，小帆船的灵巧和轻盈将使它可以轻松地躲开来往的船只。这种小帆船在古埃及时候是经常被用到的。而对于那些深而宽的河流，就可以选择中国式的平底帆船。当然，如果你足够强壮的话，那就太好不过了。因为，如果水位过高或者是过低，你就必须要抓紧桅杆！当你遇见那些水流汹涌的河流，那么，机械船就是必要的选择了。你可以选择比较先进的机械船，当然，我认为那些古典的蒸汽船更能够吸引你的朋友的目光。曾经，在密西西比河上，这样的蒸汽船比比皆是。但是，现在大多数蒸汽船只用来供游客观光。你相信吗？有些蒸汽船就好像一个微型漂浮游乐场。还有，对于那些很宽的河流，你就应该选择渡轮了。大多数比较大的河流都有这样的渡轮。但是，你要想乘坐就必须早一点去，因为一般这样的船只有一趟，往往很拥挤。最后，对于那些两岸有很多名胜的河流，旅游船将是你最好的选择。想想看，为什么不坐旅游船游弋在尼罗河上呢？你只需在甲板上舒舒服服地坐着，就可以欣赏两岸的秀丽风光了。

2. d）当然，我们是不可能用人头来建桥的。在泰晤士河上，大多数古老的伦敦桥都是石头建的。但是，在桥尾往往有一排锋利的长钉。你们猜猜在长钉的顶部有一些什么东西？没错，长钉的顶部都是些叛徒和罪犯的被砍掉的脑袋。是不是很可怕？

最初的桥就是架在小河上的石头或原木。在丛林中，经常见到蔓藤编织的绳索桥。当然，你必须要抓紧，因为它会晃动得很厉害。

是的，过桥往往是过河最快也是最原始的方式。但是，你必须要做出恰当的选择。你想知道怎样建一座桥吗？

你所需要的：

▶ 原木（规格统一）

▶ 石头

▶ 河流

你所要做的：

a）将一根长的原木搭在河的两岸。做完这一步，恭喜你，你已经建造了一架简单的桥，如果是过比较窄的河流，这种"桥"就可以了。

小狗乖，快去叫救生员……

b）若是遇见比较宽的河流，你就需要找一根比较长的原木，并且木头要很结实。否则，当你走到中间的时候，桥很可能会塌。到时候，你就不得不蹚着水过去了。

c）要是遇见那些特别宽的河流，你就需要准备很多原木并排放置。在水中，就用堆积的石头来支撑。若是用专业术语来说，这些石头应该叫做桥墩。

河流

原木组成的桥梁

桥墩：底端插入水中

注意：要是河流很深并且很宽，那么就不能选择木制的桥梁了。因为，要是搭建这样的桥，所用的原木和桥墩体积就会太大了。取而代之，我们采用悬索桥。它们往往是在高塔上吊起很多长的钢索。这种桥一般都会长过1千米。当然，建这样的桥就是工程师的任务了。

人身安全警告

在河流上的混乱情形很容易引起危险。你一定要小心，千万不要滑倒而掉下河，水要比你想象的深得多，并且还有激流会把你冲走。

3. 打隧道是行得通的，但是一定要小心。对于那些专家来说，建造水下隧道也是一件很棘手的事情。因为隧道位于河床之下，而河床的岩石比较松软，这就使得隧道的顶部和两侧很容易塌陷。为解决这个问题，布鲁奈尔设计了一种特殊的机器，可以支撑石头建

125

成的顶部，以防止塌陷。这个人是不是很聪明？尤其当你得知布鲁奈尔是看见一种喜好钻木头的软体动物而得到的灵感后，我想你会更加佩服他。知道吗？就连现在打通隧道所用的机器都是以布鲁奈尔的伟大设计为基础的。

4. 如果你会游泳，那这倒不失为过河的一个好办法。但是，你一定要小心水中的那些堰。堰是一种小而低的水坝，主要是用来将一部分河水圈成一个深的池塘，就像是

小小的港口一样，供船舶停息。它们经常隐藏在水下，这就使它的危险性大大增高。当你游过去的时候，就会被卷入旋涡，几乎不可能生还。另外，要是你乘坐小船遇见这样的堰，危险性也很高。

5. 你相信吗？体育运动中的撑杆跳高还是从过去人们利用长杆过河而演变来的呢。如果河很窄，那么我想，你应该很容易利用长杆跳过河。但是如果河比较宽，那么有力的助跑还是很必要的。否则，你就要浑身湿透地蹚过河了。

那么，到底哪一种选择最好呢？其实，没有标准答案，因为每一条河流都是不一样的。

震惊全球的事实

当一条河太窄以至于不能通过比较大的船时，该怎么办呢？当然，你可以使河流变得宽一些，深一些。工程师们正是对北美地区的圣劳伦斯河采取了这样的做法。他们将一些运河首尾相接。这样，船只就可以从大西洋起程，途经北美五大湖，全长一共3760千米，只需要8天。唯一的障碍就是，在冬天，河水会结冰，船就不能行驶了，对此，工程师们就无能为力了。

你可能会觉得，那些致命的河流地区易发病、威胁生命的水坝，还有那些可能会漏水的独木舟是最糟糕的事情。其实，你错了，完全错了。到现在为止，河流还是很容易被驾驭的，这是事实。但是情况是会改变的，当你真正走到河中的时候，你将会看见河的另一面，那是你从来没有见过的一面。当河水显现出其本色的时候，洪水已经来了……

河流的臭脾气

你害怕老师发怒吗？那么，当河流发怒的时候，你就要更加当心了。一瞬间，本来还是潺潺的流水，也许会立刻变得汹涌澎湃。如果你刚好在附近，那我劝你要尽快离开。洪水真的是一种可怕的东西，它会吞没沿途的任何东西，当然包括你。并且，最让人头痛的就是，洪水可以在任何时候、任何地点发生。

洪水到底是什么？

你想探究洪水吗？那可要小心不要变成落汤鸡！你现在是不是很担心被洪水吞没？现在，就让我们一起跳进那深不可测的汹涌波涛……

到底什么是洪水？

当一条河的河水过多，从而溢出河堤，就会引发洪水。这就好像你倒水的时候水溢出玻璃杯一样。

哦，原来是这样。可是为什么会出现这样的情况呢？

大多数时候，若是在短时期内连续不断地下雨，河堤自然承受不了，于是就引发了洪水。另外，当冰雪融化后雪水汇入了河流、河堤塌陷、龙卷风袭击或者涨潮时，都会引发洪水。

天哪！那这些洪水都流到哪里去呢？

洪水将会流到河两岸的干燥的平地——河滩上。河滩可以是几米长也可以是几万米长，它主要是由于河水带来的大量泥沙沉积而成的。

那为什么河水不会渗透到地下呢？要是这样的话，洪水就没有什么可怕的了！

好主意！可令人遗憾的是，事情并没有你想的那么简单。因为雨量过大，雨水不能及时地渗入地下，泥土中的水量已经饱和。自然就逃不过洪水的厄运了！

洪水真的有那么可怕吗？

也不能绝对地这样说。事实上，每年都有一些河流会发洪水，但并没有造成太严重的损失。但是，一场真正猛烈的洪水绝对是致命的。农田、庄稼被淹没，房屋被冲走，总之，损失惨重。当然，其中还包括宝贵的生命。比起其他任何灾难，洪水造成的损失和对人类的威胁要大得多。这是有事实根据的，记载中最严重的一次洪水发生在1931年——中国发生大面积洪水。在这场灾难中，有上百万人失去了生命，上千万人无家可归。真可怕呀！

那为什么人们不选择那些相对安全的地方居住呢？

大多数人是没有选择的，他们居住的地方，周围几乎已经没有地方可以再扩张了，并且河边的土壤肥沃，利于农田的耕作。所以，他们愿意冒险住在那儿。

那哪些河流是我们无论如何都应该避开的呢？

很多河流在一定的外界条件下都会变得很危险。但是，毫无疑问，在中国，咆哮的长江是最危险的河流。

每日环球

1998年8月2日　星期日　　中国中南部　湖南省

洪水带来的恐慌

两个月内，长江已经第三次冲毁堤坝了。在此后的一个星期内，数百万人民都做好了抗击洪水的准备。现在的水位已经超过历史纪录，河边的居民也在担心着……

长江的水位从春季开始上涨，给河两岸的堤坝造成了巨大的压力，这些堤坝是河岸两边2亿多居民赖以生存的安全保障。随着河水向下游聚集，人们越来越恐慌。

"希望我们能躲过这场灾难，"一位年长的村民告诉记者，"我们已经用泥沙加高了村庄周围的堤坝，但是当洪水来的时候，如果堤坝抵挡不住，那我们就一切都完了。"

修筑堤坝

在这一地区的其他一些地方，堤坝已经塌陷，许多村庄处于两米深的水中。今年的洪水已经让2500人失去了性命，并且人数还在增加。另外，有成百万的人被迫离开了家园。还有一些人已经站在自家的屋顶上连续几天了，无助地望着还在升高的水位。

屋顶

目前，还潜伏着另外一个危机：医生已经发出警告，疾病的蔓延很有可能成为袭击人类的下一场灾难。在一些地区，不干净的洪水已经污染了饮用水，导致很多人呕吐和腹泻。但是，在这样一个非常时期，要到医院治疗可不是一件容易的事情。

"我看见有的病人被用船送去医院。"一个目击者说，"但是医院已经被洪水淹没了，真不知道那些病人该怎么办！"

对于这场灾难，到底谁该遭受谴责？很多人在问这个问题。的确，洪水已经有几个世纪的历史了，只是这个夏天的多雨让情况变得更加糟糕。有一些人责备政府没有投资足够的钱来修筑堤坝，并且认为，如果政府还不尽快采取行动，那么同样的灾难将会再次发生。

"我已经一无所有了！"一个农民在看到他的房屋、农田已经被洪水全部卷走后感慨，"我只有从头再来了！"

也许，这样的灾难真的不会是最后一次……

巨河档案

姓　名：长江

所 在 地：中国

长　度：6300千米

源　头：西藏自治区的各拉丹冬雪峰

流域面积：1 683 500平方千米

入 海 口：在上海注入中国东海（太平洋的一部分）

其他信息：

▶ 传说，长江是神灵创造的。

▶ 长江是世界上第三长的河流，仅次于尼罗河和亚马孙河。

▶ 长江流域的水稻产量占整个中国的四分之三。

震惊全球的事实

　　地理学家将1998年的长江洪水称为百年洪水。这是什么意思呢？原来，我们根据洪水暴发的频率给洪水分级，越是频繁的，危险性就越小。一年发一次的洪水其实并不会造成很大的影响。但是，百年不遇的洪水造成的危害将是十分巨大的。如果你觉得这样的洪水就已经很可怕了，那请你想象一下，1952年在英国，一场5万年不遇的洪水袭击了村庄后，将会留下什么样的惨状！但是，不用

太担心，因为在很长的一段时间内（按照这条河的洪水暴发频率来估计），不会再暴发这么大的洪水了。

你想成为一个水文专家吗？

　　一旦洪水真的暴发，科学家们将对其束手无策。不过，他们可以通过研究推测出洪水下一步将会袭击哪里。如果真的可以估测出洪水暴发的时间和地点，那就可以提前给人们发出警报，让人们迅速离开危险地段。但是，这不是一件容易的事情，因为洪水的脾气是难以捉摸的！

　　那你知道怎么样才能成为一个研究洪水的水文学家吗？（我想，这个问题对于那些研究洪水的专家来说，或许真是一个新鲜的话题。）

招聘广告

你是否已经对每天站在陆地上的生活感到厌倦？你是否渴望改变你一成不变的生活？想象一下那迷人的河流风光，何不加入我们？你将会成为一个顶尖的水文学家。

▶ 你必须热爱户外活动，并且有出色的游泳技能。

▶ 你必须精通数学和图表统计（尤其是水位图）。

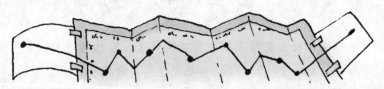

▶ 你的双脚可能每天都是湿的，但是你却不能介意！

▶ 我们将会有全面的培训。

如果你仍然感兴趣，请尽快去当地的求职中心咨询。

奔腾不息的河流——你一生的追求。

现在就让特拉维斯来给你们介绍一下，一个水文学家的工作到底有哪些。

预测洪水的必修课

1. 了解河流

你需要对你所观测的河流仔细分析，了解每一个弯道的情况。最重要的是，你需要观察在雨季河流有什么反应。现在，问你自己两个问题：

a) 雨到底有多大？你无须用大量的新式的测量工具，你只须用厨房里的水杯，对雨量进行一个很简单的估测就可以了。

但是严谨的科学家们就必须借助雷达和气象卫星来观测。

b) 水位涨了多少？科学家们常用一种叫作河流检测器的器械来测定水位的高低，测出的数据可直接传输到电脑供人们分析。

c) 还有一些水文学家的研究工作就更细致了。他们建立了一个河流模型，包括河湾、河滩和洪水。由此，可测出当洪水来临时，河流的反应以及堤坝的承受能力。

洪水来了！

2. 将河流的变化绘制成曲线图

下一步，将你得到的所有数据输入电脑，专门的软件会综合所有的影响因素，以图表的形式得出结果（这种图表有一个时髦的名字——水位图）。但是，你必须对数据和结果进行再一次的检查。这个过程，数学方法将会帮上你许多忙。水位图会显示出河流在雨季时候的反应，还可以计算出在下雨后的第几天可能会引发洪水，通过这些结果，你大概能了解到洪水到底是怎么一回事……

3. 听洪水预报

如果雨下得很大，水位涨得很快，那就是老天给我们的关于洪水的警报。在英国，不同级别的洪灾，其警报的颜色也是不一样的。

▶ 黄色警报

洪水刚刚淹没河两边的农田和道路。

▶ 琥珀色警报

洪水已经蔓延到了河两边的房屋以及比较大的农田。

▶ 红色警报

洪水已经殃及到了居民大部分的财产、道路和大片的农田。

可是，这样的警报，准确性究竟有多高呢？当然，你可别等洪水都退了才看清之前的征兆，那就晚了。但问题在于，洪水实在是难以捉摸、难以预料的。你不可能总能推测出它下一步的举动。对于那些大的河流，比如密西西比河，洪水到来的先兆可能会持续一个星期，但是在突如其来的洪水面前，你只有短短几个小时用来逃离，因为洪水增长的速度远远大于暴雨降水的速度。

防洪措施

你听过这样一句话吗？"预防远远比治疗重要。"也就是说，与其花大量的时间看牙医，还不如在牙长蛀虫之前就少吃甜食。这个道理对很多人都适用，同样也适用于洪水。你也许不能在洪水暴发后让它停止，但是可以采取一些措施，使损失降到最低。该怎么做呢？首先，我们应该——

▶ 种树：以下就是种树的好处：

1. 植物叶片可以在雨水降到地面之前获得一定量的雨水，在森林中大约四分之三的降水都被树木以这种方式拦截。

2. 树根可以从泥土中吸收大量的水分，同时和泥土紧紧相连。

但问题是，由于森林大火以及毁林造田的运动，大量树木被砍伐。这就意味着没有办法阻止雨水流入河中。同时，雨水也将大量的泥沙带进河水中，这些泥土使河床越来越高，于是洪水就更容易发生了。

▶ 改变河流的外形：尽量使河道更直、更宽、更深。这项工程对抑制洪水绝对是很有用的。它可以使河水的流动更加畅通，迅速地汇入大海，就不会发生冲毁堤坝的事件了。但是，你要完成这项工程，就必须有一种叫做挖泥船的挖掘机器。

▶ 改变河道：通过建造排水沟和水渠，对河水进行分流。同时，这些工程也能用来存储那些多余的水。这些用来分流的水渠，我们称之为引河。

▶ 筑水坝：水坝对于防洪非常有用。那它到底有什么好处呢？要回答这个问题，当然要问那些水文专家了！那现在我们就来咨询两位专家，首先：

建造水坝实在是一项伟大的工程，因为它可以阻挡洪水。除了防洪的作用，它还能贮水，为人们提供饮用水和农田灌溉用水。另外，它还能用来发电。这些好处难道还不够吗？

水坝的
建筑师

水坝是一种让人讨厌的东西。数百万人由于修水坝而被迫离开了家园，失去了农田。并且要是真的想和洪水永别，那么你就再也见不到土壤肥沃的冲积平原和三角洲了。所以，筑坝除了花钱之外，我实在看不出它有什么优点！

水坝的
反对者

139

每个人都有不同的看法，到底相信谁呢？看来这还是一件挺困难的事情。

▶　筑堤：防止洪水泛滥的另一个古老的方法就是筑高河堤。你可以用泥浆和混凝土来做建筑材料。但是，这样真的能够防水吗？答案是，有时候可以，有的时候却不行。在密西西比河的两岸，河堤被称作防洪堤。这样的防洪堤有几百万米长。多年来，它们担负着主要的抗洪任务。但是想象一下，如果防洪堤开始漏水，那情况将会很糟糕，下一页就要讲述一个真实的故事……

巨河档案

姓　　名：密西西比河

所 在 地：美国

长　　度：6262千米

源　　头：美国明尼苏达州的伊塔斯喀湖

流域面积：3 256 000平方千米

入 海 口：汇入墨西哥湾（大西洋的一部分）

其他信息：

▶　密西西比河最长的支流密苏里河，事实上比密西西比河还要长350千米。它们在圣路易斯附近汇合。

▶　新奥尔良一边已经筑起来了很长的防洪堤，而密西西比河周边也是一样，因为它附近的城市位于水位之下。

▶　密西西比河的外号叫做老人河，又叫作大泥地。让我们看看大家是怎么评价它的："这是一条你无法驯服的河流！"（马克·吐温）

1993年夏天，一场浩大的洪水之后……

由于有上百万的人居住在密西西比河岸，因此，洪水的暴发对于居民来说，真的是一个很大的威胁。但是情形看来有些好转，自从上一次洪水暴发后，已经有20年没有看到洪水的踪影了，并且有更高、更坚固的河堤和新修的水坝和泄洪道，洪水好像已经成为过去了。

但是这一切好像在开玩笑。虽然今年的降雨量已经打破往年的纪录了，但是，一般洪水的多发季节是春季。而在夏季，水位一般都会降低。可是今年夏天所发生的一切真的是让所有的人措手不及。

随着连续不断的降雨，密西西比河的河水开始变得湍急，流速是往常的6倍。在有些地方，水位甚至比正常的时候高出7米，由于携带了大量的泥浆，河水的颜色呈现出棕黄色。

　　这些新式的洪水监测方法彻底失败了。仅仅在伊利诺伊州，就有17段防洪堤在洪水的冲击下崩溃了，其中包括瓦尔麦耶尔镇附近的防洪堤。当地人不分日夜地抗洪，将成千上万个沙袋投至洪水中，希望能抑制洪水的蔓延。尽管他们竭尽全力地努力，仍

然不能阻止洪水冲入城镇。

　　幸运的是，整个城镇的居民都已经迁出。因此，只有一个人丧命，没有任何人受重伤。每个人都清楚地认识到若不是这样，情况会更糟糕。

　　三个星期之后，所有的居民终于可以回到镇上，进行大规模的修整。瓦尔麦耶尔镇好像变成了水的城镇。窗户都碎了，灯全坏了，所有的东西都被厚厚的淤泥覆盖着。在这可怕的寂静中，

好像只能听见成群的蚊子的嗡嗡声。

"我真的很难过！"一个男人看到自己破损的家后说道，"我在这里住了一辈子，而现在一切都没有了，有的只是厚厚的泥浆。但是至少我们还没有失去朋友，在灾难中，人们变得更加团结。"整个镇只有四所房子还没有倒塌，剩下的都被水冲塌了，现在住在那里的也只有青蛙、龙虾……还有毒蛇了。每个人都必须要重新开始。而在九月份，洪水再次袭击了这里，之后，整个城镇全部被迁到了另一个地势较高的地区了。

1993年的这一次洪水是美国历史上最严重的一次自然灾害。洪水共殃及七个州，其地区面积相当于整个英国。在这场洪水中，总共损失了100亿美元，淹没了50个城镇，毁坏了43 000个家庭的房屋，让70 000人无家可归，上百万平方千米的庄稼被冲毁。每个地区，只有大约四分之一的防洪堤还完好。

震惊全球的事实

现在，想象一下像伦敦这样的一个繁华的城市，地面上积有1米深的水……这是由泰晤士河涨潮引发的洪水造成的。为了控制这场灾难，1984年，在泰晤士河上修建了大量的闸门，涨潮的时候，10个大型的钢质闸门同时关闭，组成了一个巨大的水坝。而泰晤士河上的阀门已经关闭过不下30次……

特拉维斯的防洪措施

如果建造堤坝对于你来说真的很遥远，并且你有太多的作业还没有完成，以至于没有空闲的时间，那么，当洪水来临的时候，你到底能做一些什么呢？

应该做的事情

▶ 注意听收音机上的洪汛。如果时间很紧，那么注意听警

报。在有些国家可以在电话里提供洪汛消息，当然，前提是你必须有电话。

▶ 关掉煤气和电源。煤气和电都是危险的。千万不要用湿手去碰电器，因为水是电的良好导体，电会通过水的传导给你致命的一击。

▶ 囤积一些沙袋。如果你想更加保险，那么可以用沙袋垫高门口。沙袋可以去买，也可以自己做，只需要一些麻袋和沙土就可以了。

▶ 尽量往高处走，带着你的家人还有你的宠物，当然还有那些比较珍贵的东西。

▶ 准备一些必需品。无论是逃离还是留下，你都需要必要的物资储备，在这段时间内维持你的生活，比如说像暖和的衣服、毛毯、食物、水，还有手电和电池。将这些东西装在一个结实的塑料袋中，以备必需。

▶ 做好逃离准备。如果洪水真的很严重，你必须要快速地离开，向那些远离河流的高地转移。另外，最好你能和一些朋友在一起。

一旦你在室外，你要学会保护自己。

千万不要做的事情

▶ 不要徒步穿越洪水。如果水已经漫过了你的脚踝，记住，一定要掉头找其他的路。水往往比看起来要深，并且水下面的路可能已经被冲毁了。

▶ 不要开车出去，至少，不要驾车穿过洪水。因为湍急的水流很有可能将车冲走。如果你刹车的话，那么车很容易陷入泥中。等水淹到窗户的时候，巨大的压力就会使车门很难打开。如果你必须要驾车出去，务必记住在出发之前将车窗打开，这样才能使车内外的压力保持一致。

▶ 不要喝洪水中的水，就算你非常渴也不能喝。因为洪水中有大量的泥浆、杂物，甚至污水，还包含有很多微生物和腐烂物。如果你待在家，要记得将浴池装满水，并且烧一些开水，以供饮用。

▶ 不要在河床附近扎营，即使地面看起来很干。因为很有可能在几秒钟后，这里就会被淹没，而你就会被冲走。

▶ 别觉得你能跑得过洪水。即使你跑得再快，洪水也会紧跟在你后面的。

　　你也许觉得，花一生的时间来研究洪水是一件很沉闷的事情。事实上，那些水文学家并不像你所想的那样无聊与沉闷。他们一直在努力，希望能准确地预告洪水的发生。好消息是，他们现在发出警报的速度已经快了很多，人们可以顺利地撤离。但不足在于，这样的预报不是绝对保险的，但这也无济于事，毕竟，洪水是那么难以预料。

对河流的反抗

千万不要介意河流的行为。当河流给我们带来了那么多的麻烦之后，作为回击我们应该做些什么呢？其中，一个罪恶的答案就是——毁灭河流。也确实有一些可恶的人在这样做了，他们将河流弄得污秽不堪。这些人已经受到惩罚了。（我们是在和河流作对，而不是在和人类作对。想想如果有人喝了污染过的河水，你就变成迫害人类的罪犯了。）所以，我们为什么要将河流变得如此污秽，为什么？

制造一道散发着腐臭气味的河水汤

你所需要的：

▶ 腐臭的污水（一般来说，这些污水都要经过污水工厂处理干净后，才能排入河流中，可是在有些地方却不然……）

▶ 不洁的工厂废弃物（主要是一些脏水和有毒的金属和化学物）

▶ 肥料和杀虫剂（来自农田）

你所能做的：

1. 将所有的垃圾倒入河中，让它们腐烂。

148

2.将瓶子和罐头盒丢入河中。

3.现在盛满一碗这样的河水，给你的老师。

健康警告

　　那一碗散发着臭气的河水一定会严重地伤害你老师的身体健康。我们理所应当地认为水都应该是干净的，但事实上，在河水中充满着微生物，尤其是人们往河里倒入了大量的废弃物和废水。这样，受污染的河流不仅对人类有危害，对数百种的植物和动物也有很大的危害。比如说长江中的白鳍豚，河水严重的污染使白鳍豚濒临灭绝。但污染并不是存在的唯一问题，白鳍豚是靠听觉来辨别方向的，河流中有太多过往的船只，嘈杂声阻碍了白鳍豚对于方向的辨别，于是，很多白鳍豚就丧命于与船只相撞了。

巨河档案

姓　名：恒河

所在地：印度和孟加拉国

长　度：2510千米

源　头：喜马拉雅山脉的恒果催冰川

入海口：从孟加拉湾流入印度洋

流域面积：975 900平方千米

其他信息：

▶　恒河和雅鲁藏布江交汇处，形成了世界上最大的三角洲。

▶　沿着三角洲有一大片红树林，这是食人鳄和老虎的故乡。

▶　大约有5000万人生活在恒河的冲积平原上。

清理恒河

恒河两岸居住着成千上万的人，因此，恒河就成了主要的水源，同时也是丢弃废物的主要场所。因为没有足够的钱来处理污水，所以，每天都有大量的污水和废弃化学物排入河流。但是，污染源还远不止这些。

很多人都觉得恒河是神圣的，在河中洗澡能洗去自己的罪恶。还有人选择在恒河中死去，他们的尸体被火化，骨灰就撒入恒河。有时候，尸体被直接投入恒河，不仅是人的尸体，还有动物的尸体。这对于你来说也许很可怕，但对于当地人，是一件很重要的事情。但是，这样对河流造成了很多麻烦。恒河的部分区段污染已经很严重，威胁着人类的健康。

1985年，恒河被污染得更加严重了，于是一场大规模的清理运动开始了。其中一项就是建立上百家污水处理工厂。（警告：在看下面的内容时，可不要反胃哦！）计划中的另外一项就是在河水中放养大量的乌龟，的确，是乌龟。这种肉食的乌龟可以清理腐食。听起来是很恶心，但是却很有用。

这些措施都起到作用了吗？现在的恒河是不是闪着迷人的水波？当然，还没有改善得这么彻底。但是，河水现在已经干净多了，尽管河中有了很多不能吃的乌龟，可是有谁能看得见河中的乌龟呢？

震惊全球的事实

在1858年，泰晤士河的气味实在是太难闻了，以至于在附近议会办公的议员都不能继续工作。他们给泰晤士河重新起了名字——臭水沟。幸好现在环境有了很大的改善。

151

找回芬芳

其实，并不是所有的河流都遭受着这样悲惨的命运。让人感到欣慰的是，人们现在都开始检查自己的行为了。在很多河流

边，废弃物处理工厂的数目都在增长。还记得曾经散发着恶臭的莱茵河吗？多少年来，它都冠有"欧洲的阴沟"的称号，不过现在情形好多了。50年前，在莱茵河中有很多的鲑鱼（鲑鱼是对污染最敏感的）。现在的目标就是要在将来的几年里让鲑鱼重归莱茵河。为了实现这个目标，现在的莱茵河有很多严格的规定要遵守。

现在，对于全世界的河流，到底什么是最激动人心的消息呢？对于你来说，如果有一天能够手拿饮料和鱼竿，惬意地躺在河边……那将会多美好呀！